Zur Theorie der homogenen Gleichverteilung modulo 1

Von

Roman Schnabl

Aus den
Sitzungsberichten der Österreichischen Akademie der Wissenschaften
Mathem.-naturw. Klasse, Abteilung II, 172. Bd., 1. bis 4. Heft, 1963

Springer-Verlag Wien GmbH **1963**

ISBN 978-3-662-22698-8   ISBN 978-3-662-24627-6 (eBook)
DOI 10.1007/978-3-662-24627-6

Die in den Sitzungsberichten Abt. I und Abt. II. der math.-nat. Klasse der Österr. Akad. d. Wiss. erscheinenden Abhandlungen werden auch einzeln abgegeben. Sie können durch jede Buchhandlung oder direkt durch die Auslieferungsstelle der Österreichischen Akademie der Wissenschaften (Wien I, Singerstraße 12) bezogen werden.

Nachfolgende Abhandlungen aus den Fachern **Mathematik** und **Technik** sind erschienen:

1950 (1950) (S II a, Bd. 159):

Hohenberg F.: Zur Geometrie des Funkmeßbildes (mit 2 Abbildungen). 14 Seiten. S 12.40
Jarosch W.: Matrizenbänder. 14 Seiten. S 5.20
Schmid H.: Fehlertheorie der gegenseitigen Orientierung von Luftbildern und Zugrundelegung eines Orientierungspunktgitters (mit 13 Abbildungen), 31 Seiten. S 28.40

1951 (S II a, Bd. 160):

Hohenberg F.: Komplexe Erweiterung der gewöhnlichen Schraubenlinie (mit 1 Abbildung), 14 Seiten. S 7.80
Huber A.: Das Verhalten der Integrale der Gibbs-Duhem-Margules'schen Gleichung für binäre Gemische in der Umgebung ihrer festen singulären Stellen (mit 3 Abbildungen), 16 Seiten. S 10.50
Krames J.: Zur Geometrie der gegenseitigen Einpassung von Luftaufnahmen (mit 4 Abbildungen), 15 Seiten. S 7.--
Parkus H.: Wärmespannungen in Rotationsschalen mit drehsymmetrischer Temperaturverteilung (mit 1 Abbildung), 13 Seiten. S 7.50
Ströher W.: Zur projektiven Differentialgeometrie ebener Kurven, 8 Seiten. S 6.--
Wunderlich W.: Zur Differenzengeometrie der Flächen konstanter negativer Krümmung (mit 8 Abbildungen), 38 Seiten. S 16.--

1952 (S II a, Bd. 161):

Federhofer K.: Über die Eigenschwingungen der Kreiszylinderschale mit veränderlicher Wandstärke 16 Seiten. S 14.80

1953 (S II a, Bd. 162):

Nöbauer W.: Über Gruppen von Restklassen nach Restpolynomidealen. S 19.40
Vietoris L.: Der Richtungsfehler einer durch das Adamssche Interpolationsverfahren gewonnenen Näherungslösung einer Gleichung $y' = f(x, y)$. S 8.80
Vietoris L.: Der Richtungsfehler einer durch das Adamssche Interpolationsverfahren gewonnenen Näherungslösung eines Systems von Gleichungen $y' = f_k(x, y_1, y_2 \ldots y_m)$. S 8.80
Wunderlich W.: Über die ebenen Loxodromen (mit 2 Abbildungen). S 6.30

1954 (S II, Bd. 163):

Federhofer K.: Die durch pulsierende Axialkräfte gedrückte Kreiszylinderschale. S 13.40
Raher W. und Selig F.: Die Verwendung der Motorsymbolik in der theoretischen Mechanik. S 17.80

1955 (S IIa, Bd. 164):

Federhofer K.: Zur Kinematik des Schleifkurvengetriebes (mit 5 Abbildungen). S 11.--
Ströher W.: Über einen gewissen Typus von Differentialinvarianten der projektiven und der apollonischen Gruppe der Ebene. S 28.40
Wunderlich W.: Doppelloxodromen mit schneidendem Achsenpaar (mit 6 Abbildungen). S 22.50

Zur Theorie der homogenen Gleichverteilung modulo 1

Von

Roman Schnabl (Wien)

(Vorgelegt in der Sitzung am 31. Jänner 1963)

Der Begriff „homogene Gleichverteilung modulo 1" wurde von P. Erdös und G. G. Lorentz [1] eingeführt. Sie nennen eine Folge $\{x_n\}$ von reellen Zahlen genau dann homogen gleichverteilt modulo 1, wenn für jede natürliche Zahl d die Folge $\{d^{-1} x_{nd}\}$ gleichverteilt modulo 1 ist.

Aufgabe der vorliegenden Arbeit ist es, diesen Begriff durch Verwendung bewichteter Mittel zu verallgemeinern und Folgen zu suchen, die homogen gleichverteilt modulo 1 sind. Dies erfolgt in den Teilen I—V der Arbeit. Im Teil VI wird obige Begriffsbildung auf die Frage nach der Wahrscheinlichkeit, daß $g(n)$ zu n relativ prim ist, angewendet.

I

Es sei $A = (a_{nk})$ eine positive Toeplitz-Matrix, d. h. es sei $a_{nk} \geqslant 0$ für alle natürlichen Zahlen n und k und $\lim_{n \to \infty} \sum_{k=1}^{\infty} a_{nk} = 1$. $c(x, s)$ sei die charakteristische Funktion des Intervalls $[o, s]$ längs der reellen Achse mit der Periode 1 fortgesetzt, $0 \leqslant s \leqslant 1$ und $\{x_n\}$ eine Folge reeller Zahlen.

Ist die Folge $\{c(x_n, s)\}$ A-limitierbar zum Wert s für jedes $s \in (0, 1)$, d. h. ist

$$A\text{-}\lim_{n \to \infty} c(x_n, s) = \lim_{n \to \infty} \sum_{k=1}^{\infty} a_{nk} c(x_k, s) = s,$$

so nennt man die Folge $\{x_n\}$ A-gleichverteilt modulo 1 [2].

Definition 1: Sei $\{x_n\}$ eine Folge reeller Zahlen. Sie heißt genau dann A-homogen gleichverteilt modulo 1, wenn für jede natürliche Zahl d die Folge $\{d^{-1} x_{nd}\}$ A-gleichverteilt modulo 1 ist.

Satz 1: Die Folge reeller Zahlen $\{x_n\}$ ist genau dann A-homogen gleichverteilt modulo 1, wenn für jede auf $(-\infty, +\infty)$ definierte, reellwertige, auf $(0,1)$ Riemann-integrierbare Funktion $f(x)$ mit der Periode 1 und für jede natürliche Zahl d

$$A\text{-}\lim_{n \to \infty} f(d^{-1} x_{nd}) = \lim_{n \to \infty} \sum_{k=1}^{\infty} a_{nk} f(d^{-1} x_{kd}) = \int_0^1 f(x)\,dx$$

ist.

Beweis: Für $d = 1$ ist obiger Satz ein bekanntes Kriterium für A-Gleichverteilung [2]. Daraus und aus der Definition 1 folgt unmittelbar Satz 1. Ebenso folgt aus dem Weylschen Kriterium [2] und Definition 1:

Satz 2: Die Folge reeller Zahlen $\{x_n\}$ ist genau dann A-homogen gleichverteilt modulo 1, wenn für jedes geordnete Paar natürlicher Zahlen (q, d)

$$A\text{-}\lim_{n \to \infty} e^{2\pi i q d^{-1} x_{nd}} = \lim_{n \to \infty} \sum_{k=1}^{\infty} a_{nk} e^{2\pi i q d^{-1} x_{kd}} = 0$$

ist.

Aus Satz 2 kann man durch geeignete Wahl von q unmittelbar folgern:

Satz 3: Ist die Folge $\{x_n\}$ von reellen Zahlen A-homogen gleichverteilt modulo 1, so ist auch für jedes geordnete Tripel natürlicher Zahlen (p, q, r), das der Bedingung $q \mid r$ genügt, die Folge $\{p q^{-1} x_{rn}\}$ A-homogen gleichverteilt modulo 1.

Im folgenden wollen wir uns auf solche Summierungsverfahren beschränken, die in bewichteter Mittelbildung bestehen, d. h.: Es sei eine Folge reeller Zahlen $\{\lambda_n\}, \lambda_n \geqslant 0$, $L_n = \sum_{k=1}^{n} \lambda_k \to \infty$, für $n \to \infty$, gegeben. Wir betrachten dann das Matrixverfahren $A = (M, \lambda_n)$, dessen Matrix (a_{nk}) folgendermaßen definiert ist:

$$(a_{nk}) = \begin{cases} \lambda_k L_n^{-1} & \text{für } k \leqslant n \\ 0 & \text{für } k > n \end{cases}$$

Satz 4: Die Folge $\{\lambda_n\}$ erfülle folgende Bedingungen:

(A): $\lambda_1 \geqslant \lambda_2 \geqslant \ldots, \sum_{n=1}^{\infty} \lambda_n = \infty$.

(D): Die Limitierungsverfahren (M, λ_{nd}), $d = 1, 2, \ldots$, sind gleich stark. $\chi(x, a, b)$ sei die charakteristische Funktion des Intervalls $[a, b]$, $a \leqslant b$ reell. Ist dann $\{x_n\}$ eine Folge reeller Zahlen, die (M, λ_n)-homogen gleichverteilt modulo 1 ist, so ist für alle Paare reeller Zahlen $a, b, a \leqslant b$,

$$(M, \lambda_n)\text{-}\lim_{n \to \infty} \chi(x_n, a, b) = 0.$$

Beweis: Es genügt offensichtlich, den Satz für $a = -K$, $b = K$, $K > 0$ zu zeigen. Aus der Bedingung (A) folgt:

$$(i) \sum_{n=1}^{N} \lambda_n = d \sum_{\substack{n=1 \\ d/n}}^{N} \lambda_n + 0(d), \ N \to \infty.$$

Sei nun zu einem festen $K > 0$ ein $\varepsilon > 0$ vorgegeben. Wir wählen nun D_0 und danach $D_1 > D_0$ so groß, daß

$$2K \sum_{d=D_0}^{\infty} d^{-2} < \varepsilon \quad \text{und} \quad \prod_{D_0 \leq p \leq D_1} (1 - p^{-1}) < \varepsilon$$

ist, wo p eine Primzahl bedeutet. Das ist möglich, da bekanntlich

$$\sum_{d=1}^{\infty} d^{-2} < \infty \quad \text{und} \quad \lim_{N \to \infty} \prod_{2 \leq p \leq N} (1 - p^{-1}) = 0 \quad \text{ist}.$$

Sei nun $N > D_1$. $B(D_0, D_1, N)$ bezeichne jene Teilmenge der natürlichen Zahlen n, für die $D_1 \leqslant n \leqslant N$ und die nicht durch eine Primzahl p mit $D_0 \leqslant p \leqslant D_1$ teilbar sind. Es gilt dann

$$\sum_{n \in B(D_0, D_1, N)} \lambda_n \leq \sum_{n=1}^{N} \lambda_n - \sum_{D_0 \leq p \leq D_1} \sum_{\substack{n=1 \\ p/n}}^{N} \lambda_n + \sum_{D_0 \leq p_i < p_j \leq D_1} \sum_{\substack{n=1 \\ p_i p_j / n}}^{N} \lambda_n - \ldots$$

Aus (i) folgt nun

$$\overline{\lim_{N \to \infty}} (\sum_{N=1}^{N} \lambda_n)^{-1} \sum_{n \in B(D_0, D_1, N)} \lambda_n \leq 1 - \sum_{D_0 \leq p \leq D_1} \frac{1}{p} + \sum_{D_0 \leq p_i < p_j \leq D_1} \frac{1}{p_i p_j} - \ldots$$

$$= \prod_{D_0 \leq p \leq D_1} \left(1 - \frac{1}{p}\right) < \varepsilon.$$

Da x_{nd} genau dann aus $[-K, K]$ ist, wenn $x_{nd}\, d^{-1}$ aus $[-K d^{-1}, K d^{-1}]$, so ist, da die Folge $\{x_{nd}\, d^{-1}\}$ (M, λ_{nd})-gleichverteilt modulo 1 ist [nach Definition 1 und Bedingung (D)],

$$(M, \lambda_{nd})\text{-}\overline{\lim}\, \chi\, (x_{nd}, -K, K) \leqslant 2\, K\, d^{-1}.$$

Es gilt auch

$$\sum_{n=D_0}^{N} \lambda_n \chi(x_n, -K, K) \leqq \sum_{d=D_0}^{D_1} \sum_{n=1}^{\left[\frac{N}{d}\right]} \lambda_{nd}\, \chi(x_{nd}, -K, K) + \sum_{n\in B(D_0, D_1, N)} \lambda_n.$$

Wir dividieren nun beide Seiten der letzten Ungleichung durch $\sum_{n=1}^{N} \lambda_n$ und lassen dann N nach Unendlich streben. Da für jedes D_0

$$(M, \lambda_n)\text{-}\overline{\lim_{n\to\infty}}\, \chi(x_n, -K, K) = \overline{\lim_{n\to\infty}}\, (\sum_{n=1}^{N} \lambda_n)^{-1} \sum_{n=D_0}^{N} \lambda_n \chi(x_n, -K, K)$$

ist, folgt

$$(M, \lambda_n)\text{-}\overline{\lim_{n\to\infty}}\, \chi(x_n, -K, K) \leqq$$

$$\leqq \overline{\lim_{n\to\infty}}(\sum_{n=1}^{N} \lambda_n)^{-1} \sum_{n=D_0}^{D_1} \sum_{n=1}^{\left[\frac{N}{d}\right]} \lambda_{nd}\, \chi(x_{nd}, -K, K) + \varepsilon \leqq$$

$$\leqq \sum_{d=D_0}^{D_1} d^{-1}\, (M, \lambda_{nd})\text{-}\overline{\lim_{n\to\infty}}\, \chi(x_{nd}, -K, K) + \varepsilon \leqq$$

$$\leqq \sum_{d=D_0}^{D_1} 2\, K\, d^{-2} + \varepsilon < 2\, \varepsilon.\ \text{w. z. z. w.}$$

Aus Satz 4 folgt, daß die Folge $\{x_n\}$ im Satz 4 nicht beschränkt sein kann. Das letztere gilt auch für A-homogen gleichverteilte Folgen, nämlich

Satz 4a: Ist die Folge reeller Zahlen $\{x_n\}$ A-homogen gleichverteilt modulo 1, so ist sie nicht beschränkt.

Beweis: Angenommen, die Folge $\{x_n\}$ ist beschränkt. Sei K eine obere Schranke. Dann liegt für ein $d > 4(K+1)$ die Folge $\{d^{-1} x_{nd}\}$ im Intervall $\left(-\frac{1}{4}, \frac{1}{4}\right)$ und die Folge $\{d^{-1} x_{nd} - [d^{-1} x_{nd}]\}$ in den Intervallen $\left(0, \frac{1}{4}\right), \left(\frac{3}{4}, 1\right)$. Dann gilt aber

$$A\text{-}\lim_{n\to\infty} c\left(d^{-1}x_{nd}, \frac{1}{4}\right) = A\text{-}\lim_{n\to\infty} c\left(d^{-1}x_{nd}, \frac{3}{4}\right),$$

im Widerspruch zur Voraussetzung.

Satz 5: Die Folge $\{\lambda_n\}$ von reellen Zahlen erfülle die Bedingungen

(A): $\lambda_1 \geqslant \lambda_2 \geqslant, \ldots > 0, \sum_{n=1}^{\infty} \lambda_n = \infty$.

(B): Für jede natürliche Zahl k ist die Folge $\left\{B(n,k) = \dfrac{\lambda_n}{\lambda_{n+k}}\right\}$ eine monoton abnehmende Funktion von n.

Sei $\{f(n)\}$ eine Folge reeller Zahlen, $f_h(n) = f(n+h) - f(n)$, $h = 1, 2, \ldots$ Ist dann für jede natürliche Zahl h die Folge $\{f_h(n)\}$ (M, λ_n)-homogen gleichverteilt modulo 1, dann ist die Folge $\{f(n)\}$ (M, λ_n)-homogen gleichverteilt modulo 1.

Beweis: Ersetzt man im Satz 5 „homogen gleichverteilt" durch „gleichverteilt", so erhält man einen bekannten Satz aus der Theorie der Gleichverteilung [3], [4]. Diesen wenden wir nun an. Nach Voraussetzung ist $\{f_h(n)\}$ (M, λ_n)-homogen gleichverteilt modulo 1, d. h. nach Definition 1, für jede natürliche Zahl d ist $\{d^{-1}f_h(nd)\} = \{d^{-1}f(nd+h) - d^{-1}f(nd)\}$ (M, λ_n)-gleichverteilt modulo 1. Das gilt für $h = 1, 2, \ldots$ Ersetzt man h durch kd, $k = 1, 2, \ldots$, so erhält man, die Folge $\{d^{-1}f((n+k)d) - d^{-1}f(nd)\}$ ist (M, λ_n)-gleichverteilt modulo 1. Durch Anwendung des oben zitierten Satzes folgt, $\{d^{-1}f(nd)\}$ ist (M, λ_n)-gleichverteilt modulo 1. Das gilt für jede natürliche Zahl d. Daher ist nach Definition 1 die Folge $\{f(n)\}$ (M, λ_n)-homogen gleichverteilt modulo 1.

II

Im folgenden werden wir einige hinreichende Bedingungen für homogene Gleichverteilung modulo 1 angeben, die wir aus einem Satz von J. G. van der Corput bzw. aus der von E. Hlawka gegebenen Verallgemeinerung dieses Satzes herleiten.

Wir betrachten zuerst Polynome. Man nennt eine Funktion $f(x)$ A-(homogen) gleichverteilt modulo 1, wenn die Folge $\{f(n)\}$ A-(homogen) gleichverteilt ist. H. Weyl [5] zeigte in seiner grundlegenden

Arbeit über Gleichverteilung modulo 1, daß ein Polynom $p(x)$ genau dann $(M, 1)$-gleichverteilt ist, wenn die Ableitung $p'(x)$ einen irrationalen Koeffizienten enthält. Hat das Polynom $p(x)$ diese Eigenschaft, so auch das Polynom $d^{-1} p(d x)$, wobei d eine beliebige natürliche Zahl ist. Daraus folgt:

Satz 6 [6]: Ein Polynom ist genau dann $(M, 1)$-homogen gleichverteilt modulo 1, wenn seine Ableitung einen irrationalen Koeffizienten enthält. Satz 6 läßt sich folgendermaßen verallgemeinern:

Satz 7: Sei $\{f(n)\}$ eine Folge reeller Zahlen. Gibt es dann eine natürliche Zahl k, so daß die Folge $\{\Delta^k f(n)\}$ bei unbeschränkt wachsendem n nach einem festen, irrationalen Grenzwert strebt, so ist die Folge $\{f(n)\}$ $(M, 1)$-homogen gleichverteilt modulo 1. ($\Delta^k f(n) = \Delta(\Delta^{k-1} f(n))$, $\Delta f(n) = f(n+1) - f(n)$).

Beweis: Van der Corput [3] zeigte, daß unter obigen Voraussetzungen die Folge $\{f(n)\}$ $(M, 1)$-gleichverteilt modulo 1 ist. Sei nun die Voraussetzung des Satzes 7 für $k = 1$ erfüllt und d eine beliebige natürliche Zahl. Dann strebt $\Delta d^{-1} f((n) d) = d^{-1} \sum_{s=0}^{d-1} \Delta f(n d + s)$ bei unbeschränkt wachsendem n ebenfalls nach dem festen, irrationalen Grenzwert. Also ist nach dem zitierten Satz von Van der Corput die Folge $\{d^{-1} f(n d)\}$ $(M, 1)$-gleichverteilt modulo 1. Da d beliebig war, gilt, $\{f(n)\}$ ist $(M, 1)$-homogen gleichverteilt modulo 1.

Sei nun Satz 7 für $k = s - 1$ als bewiesen angenommen. Sei die Voraussetzung für $k = s$ erfüllt. $f_h(n) = f(n+h) - f(n) = \sum_{j=0}^{h-1} \Delta f(n+j)$ erfüllt dann die Voraussetzung für $k = s - 1$. Also ist die Folge $\{f_h(n)\}$ $(M, 1)$-homogen gleichverteilt modulo 1, und daher ist nach Satz 5 auch die Folge $\{f(n)\}$ $(M, 1)$-homogen gleichverteilt modulo 1. Damit ist durch vollständige Induktion Satz 7 bewiesen.

Der im Beweis von Satz 7 zitierte Satz von Van der Corput wurde von E. Hlawka durch Einführung der Begriffe der gleichmäßig [7] und der schwach gleichmäßig [8] gleichverteilten Folgen verallgemeinert. Wir verallgemeinern nun diese Begriffe durch Verwendung bewichteter Mittelbildung.

Definition 2a: Eine Folge reeller Zahlen $\{x_n\}$ heiße (M, λ_n)-gleichmäßig gleichverteilt modulo 1, wenn für jedes Paar natürlicher Zahlen (k, m)

$$(M, \lambda_{n+m-1}) \cdot \lim_{n \to \infty} e^{\pi i k x_{n+m-1}} = 0$$

gleichmäßig in m gilt.

Definition 2b: Eine Folge reeller Zahlen $\{x_n\}$ heiße (M, λ_n)-homogen gleichmäßig gleichverteilt modulo 1, wenn für jede natürliche Zahl d die Folge $\{d^{-1} x_{n\,d}\}$ (M, λ_n)-gleichmäßig gleichverteilt modulo 1 ist.

Definition 3a: Eine Folge reeller Zahlen $\{x_n\}$ heiße (M, λ_n)-schwach gleichmäßig gleichverteilt modulo 1, wenn für jede natürliche Zahl h

$$\lim_{K \to \infty} \overline{\lim_{N \to \infty}} \left(\sum_{s=1}^{NK} \lambda_s\right)^{-1} \sum_{H=0}^{N-1} \left| \sum_{s=HK+1}^{K(H+1)} \lambda_s e^{2\pi i h x_s} \right| = 0.$$

Definition 3b: Eine Folge reeller Zahlen $\{x_n\}$ heiße (M, λ_n)-homogen schwach gleichmäßig gleichverteilt modulo 1, wenn für jede natürliche Zahl d die Folge $\{x_{n\,d}\,d^{-1}\}$ (M, λ_n)-schwach gleichmäßig gleichverteilt modulo 1 ist.

Wir zeigen nun folgende Hilfssätze:

Hilfssatz 1: Ist die Folge $\{x_n\}$ (M, λ_n)-gleichmäßig gleichverteilt modulo 1, dann ist sie auch (M, λ_n)-schwach gleichmäßig gleichverteilt modulo 1.

Beweis: Ist die Voraussetzung erfüllt, so gibt es zu jedem $\varepsilon > 0$ ein $K(\varepsilon)$, so daß für alle m und alle $n \geqslant K(\varepsilon)$

$$\left| \sum_{r=1}^{n} \lambda_{r+m-1} e^{2\pi i h x_{r+m-1}} \right| < \varepsilon \sum_{r=1}^{n} \lambda_{r+m-1}$$

bzw. durch Änderung des Summationsindex

$$\left| \sum_{s=m}^{n+m-1} \lambda_s e^{2\pi i h x_s} \right| < \varepsilon \sum_{s=m}^{n+m-1} \lambda_s.$$

Wir setzen nun $m = KH + 1$, $n = K$ und summieren über H von 0 bis $N-1$. Dann gilt

$$\sum_{H=0}^{N-1} \left| \sum_{s=HK+1}^{K(H+1)} \lambda_s e^{2\pi i h x_s} \right| < \varepsilon \sum_{S=1}^{NK} \lambda_s \quad \text{für alle } K \geqslant K(\varepsilon).$$

gleich stark sind, ist

$$(M, \lambda_n)\text{-limes}_{n \to \infty} d^{-1} \, | \, (y_{n\,d+d} - y_{n\,d}) - (x_{n\,d+d} - x_{n\,d}) \, | = 0.$$

Damit ist der Beweis vollständig.

Wir zeigen nun ein Beispiel zu Satz 7a.

Satz 7b: Ist a eine irrationale Zahl und gilt für eine Folge $\{x_n\}$ von reellen Zahlen, daß

$$\left(M, \frac{1}{n}\right)\text{-limes}_{n \to \infty} | \, (\Delta x_n - a) \, | = 0,$$

so ist die Folge $\{x_h\}$ $\left(M, \dfrac{1}{n}\right)$-homogen gleichverteilt modulo 1.

Beweis: Es genügt, zu zeigen, daß die Folge $\{a\,n\}$ $\left(M, \dfrac{1}{n}\right)$-schwach gleichmäßig gleichverteilt modulo 1 ist, denn dann folgt Satz 7b unmittelbar aus Satz 7a. Es gilt nun:

$$\sum_{H=0}^{N-1} \Big| \sum_{n=HK+1}^{K(H+1)} \frac{1}{n} e^{2\pi i h a n} \Big| \leqslant$$

$$\leqslant K + \sum_{H=1}^{N-1} \Big| \sum_{n=HK+1}^{K(H+1)} \frac{1}{HK} e^{2\pi i h a n} \Big| + \sum_{H=1}^{N=1} \Big| \sum_{n=KH+1}^{K(H+1)} \left(\frac{1}{HK} - \frac{1}{n}\right) e^{\pi 2 i h a n} \Big| \leqslant$$

$$\leqslant K + 2 \, | \, 1 - e^{2\pi i a h} \, |^{-1} \cdot K^{-1} \sum_{H=1}^{N-1} \frac{1}{H} + \sum_{H=1}^{N-1} \sum_{r=1}^{K} \Big| \frac{1}{HK} - \frac{1}{HK+r} \Big| \leqslant$$

$$\leqslant K + 2 \, | \, 1 - e^{2\pi i a h} \, |^{-1} \cdot K^{-1} (\text{lognat } N + 0\,(1)) + \sum_{H=1}^{N-1} \frac{1}{H^2}.$$

Dividieren wir nun die Ungleichung durch $\sum_{n=1}^{NK} \dfrac{1}{n} = \text{lognat } N\,K + 0(1)$.

Strebt nun N bei festgehaltenem K gegen Unendlich, so gilt

$$\overline{\text{limes}}_{N \to \infty} \left(\sum_{n=1}^{NK} \frac{1}{n}\right)^{-1} \sum_{H=0}^{N-1} \Big| \sum_{n=HK+1}^{K(H=1)} \frac{1}{n} e^{2\pi i h a n} \Big| \leqslant$$

$$\leqslant 2 \, | \, 1 - e^{2\pi i h a} \, |^{-1} K^{-1} \to 0, \text{ für } \to \infty,$$

woraus die Behauptung unmittelbar folgt.

III

Wir zeigen nun einige hinreichende Bedingungen für homogene Gleichverteilung modulo 1. Diese werden aus bekannten Sätzen über Gleichverteilung modulo 1, bzw. aus Verallgemeinerungen solcher Sätze, hergeleitet. Es gelten folgende Hilfssätze:

Hilfssatz 4: Es sei $\{f(n)\}$ eine Folge reeller Zahlen, $\{\lambda_n\}$ eine Folge positiver Zahlen mit $\sum_{n=1}^{\infty} \lambda_n = \infty$. Seien von einer festen Zahl n_0 an folgende Bedingungen erfüllt:

(i) (M, λ_n)-$\lim_{n \to \infty} |\Delta f(n)| = 0$,

(ii) $\dfrac{\Delta f(n)}{\lambda_n}$ monoton,

(iii) $|\Delta f(n)| \dfrac{L_n}{\lambda_n} \to \infty$, für $n \to \infty$.

Dann ist die Folge $\{f(n)\}$ (M, λ_n)-gleichverteilt modulo 1.

Beweis: Für $\lambda_n = 1$ wurde dieser Satz von Van der Corput [3] bewiesen. Seien u, v reelle Zahlen. Dann gilt:

$$|e^{2\pi i u} - e^{2\pi i v} - 2\pi i (u-v) e^{2\pi i v}| = |e^{2\pi i (u-v)} - 1 - 2\pi i (u-v)| =$$
$$= 4\pi^2 \left| \int_0^{u-v} (u-v-w) e^{2\pi i w} dw \right| \leqslant$$
$$\leqslant 4\pi^2 \left| \int_0^{u-v} (u-v-w) dw \right| = 2\pi^2 (u-v)^2.$$

Wir setzen nun $u = kf(n+1)$, $v = kf(n)$, wobei k eine natürliche Zahl ist, und erhalten für $n \geqslant n_0$:

$$|e^{2\pi i k f(n+1)} - e^{2\pi i k f(n)} - 2\pi i k \Delta f(n) e^{2\pi i k f(n)}| \leqslant 2\pi^2 k^2 (\Delta f(n))^2.$$

Da $|\Delta f(n)| \dfrac{L_n}{\lambda_n} \to \infty$, kann man n_0 sicher so wählen, daß $\Delta f(n) \neq 0$ für $n \geqslant n_0$. Wir multiplizieren nun die Ungleichung mit $\left|\dfrac{\lambda_n}{\Delta f(n)}\right|$ und erhalten:

$$\left| \frac{\lambda_n}{\Delta f(n)} e^{2\pi i k f(n+1)} - \frac{\lambda_n}{\Delta f(n)} e^{2\pi i k f(n)} - 2\pi i k \lambda_n e^{2\pi i k f(n)} \right| \leqslant$$
$$\leqslant 2\pi^2 k^2 \lambda_n |\Delta f(n)|$$

$$\left| e^{2\pi i k f(n+1)} \left(\frac{\lambda_n}{\Delta f(n)} - \frac{\lambda_{n+1}}{\Delta f(n+1)} \right) + \frac{\lambda_{n+1}}{\Delta f(n+1)} e^{2\pi i k f(n+1)} - \right.$$
$$\left. - \frac{\lambda_n}{\Delta f(n)} e^{2\pi i k f(n)} - 2\pi i k \lambda_n e^{2\pi i k f(n)} \right| \leqslant 2\pi^2 k^2 \lambda_n |\Delta f(n)|$$

$$\left| -2\pi i k \sum_{n=n_0}^{N} \lambda_n e^{2\pi i k f(n)} + \frac{\lambda_{N+1}}{\Delta f(N+1)} e^{2\pi i k f(N+1)} - \frac{\lambda_{n_0}}{\Delta f(n_0)} e^{2\pi i k f(n_0)} + \right.$$
$$\left. + \sum_{n=n_0}^{N} e^{2\pi i k f(n+1)} \left(\frac{\lambda_n}{\Delta f(n)} - \frac{\lambda_{n+1}}{\Delta f(n+1)} \right) \right| \leqslant 2\pi^2 k^2 \sum_{n=n_0}^{N} \lambda_n |\Delta f(n)|$$

$$2\pi k \left| \sum_{n=n_0}^{N} \lambda_n e^{2\pi i k f(n)} \right| \leqslant 2\pi^2 k^2 \sum_{n=n_0}^{N} \lambda_n |\Delta f(n)| + \left| \frac{\lambda_{N+1}}{\Delta f(N+1)} \right| + |$$
$$\left| \frac{\lambda_{n_0}}{\Delta f(n_0)} \right| + \sum_{n=n_0}^{N} \left| \frac{\lambda_n}{\Delta f(n)} - \frac{\lambda_{n+1}}{\Delta f(n+1)} \right| = 2\pi^2 k^2 \sum_{n+n_0}^{N} \lambda_n |\Delta f(n)| + |$$
$$\left| \frac{\lambda_{N+1}}{\Delta f(n+1)} \right| + \left| \frac{\lambda_{n_0}}{\Delta f(n_0)} \right| + \left| \sum_{n=n_0}^{N} \left(\frac{\lambda_n}{\Delta f(n)} - \frac{\lambda_{n+1}}{\Delta f(n+1)} \right) \right|.$$

Nun folgt, da $\sum_{n=1}^{N} \lambda_n |\Delta f(n)| = o(L_N)$, $\frac{\lambda_{N+1}}{\Delta f(N+1)} = o(L_{N+1})$ und $\sum_{n+n_0}^{N} \left| \frac{\lambda_n}{\Delta f(N)} - \frac{\lambda_{n+1}}{\Delta f(N+1)} \right| = o(L_{n+1})$, $\sum_{n=1}^{N} \lambda_n e^{2\pi i k f(n)} = o(k L_N)$, d. h. (M, λ_n)-$\lim_{n \to \infty} e^{2\pi i k f(n)} = 0$.

Nach dem Weylschen Kriterium folgt nun die Behauptung.

Hilfssatz 5: Die Folge $\{\lambda_n\}$ erfülle die Bedingungen (A) und (B) des Satzes 5. Die Folge $\{f(n)\}$ von reellen Zahlen erfülle folgende Bedingungen, wobei n_0, k geeignete natürliche Zahlen sind:

(i) $\lim_{n \to \infty} \Delta^k f(n) = 0$,

(ii) $\dfrac{\Delta^k f(n)}{\lambda_n}$ monoton für $n \geqslant n_0$,

(iii) $|\Delta^k f(n)| \dfrac{L_n}{\lambda_n} \to \infty$, für $n \to \infty$.

Dann ist die Folge $\{f(n)\}$ (M, λ_n)-gleichverteilt modulo 1.

Beweis: Für $\lambda_n = 1$ siehe [3]. Der Beweis erfolgt durch vollständige Induktion nach k. Für $k = 1$ ist der Satz nach Hilfssatz 4 richtig. Angenommen, er sei für $k = r - 1$ bewiesen. Wir zeigen nun seine Richtigkeit für $k = r$. Wir unterscheiden zwei Fälle:

a) $\dfrac{\Delta^r f(n)}{\lambda_n}$ ist monoton wachsend. Für jede natürliche Zahl h definieren wir $f_h(n) = f(n+h) - f(n)$. Es gilt dann

$$\Delta^{r-1} f_h(n) = \Delta^{r-1} \sum_{m=0}^{h-1} \Delta f(n+m) = \sum_{m=0}^{h-1} \Delta^r f(n+m).$$

Wir zeigen, daß $\{f_h(n)\}$ die Voraussetzungen des Hilfssatzes 5 mit $k = r - 1$ erfüllt. (i) ist offensichtlich erfüllt. Es gilt

$$\frac{\Delta^{r-1} f_h(n)}{\lambda_n} = \sum_{m=0}^{h-1} \frac{\Delta^r f(n+m)}{\lambda_{m+n}} \frac{\lambda_{n+m}}{\lambda_n}.$$

Da $B(n, m) = \dfrac{\lambda_n}{\lambda_{m+n}}$ monoton abnimmt, wächst $\dfrac{\lambda_{n+m}}{\lambda_n}$ monoton in n. Also ist $\dfrac{\Delta^{r-1} f_h(n)}{\lambda_n}$ monoton wachsend und (ii) erfüllt. Da $L_{n+m} = L_n + \lambda_{n+1} + \ldots + \lambda_{n+m}$ und die λ_i beschränkt sind, strebt $\dfrac{L_{n+m}}{L_n} \to 1$ für festes m. Also strebt

$$|\Delta^{r-1} f_h(n)| \frac{L_n}{\lambda_n} = \sum_{m=0}^{h-1} |\Delta^r f(n+m)| \frac{L_{n+m}}{\lambda_{n+m}} \frac{\lambda_{n+m}}{\lambda_n} \frac{L_n}{L_{n+m}} \to \infty, \text{ für } n \to \infty,$$

und (iii) ist erfüllt. Daraus folgt, $\{f_h(n)\}$ ist (M, λ_n)-gleichverteilt modulo 1. Nach dem im Beweis von Satz 5 zitierten Satz ist dann die Folge $\{f(n)\}$ (M, λ_n)-gleichverteilt modulo 1. Damit ist Fall a) bewiesen.

b) $\dfrac{\Delta^r f(n)}{\lambda_n}$ ist monoton abnehmend. Dann ist $\dfrac{\Delta^r(-f(n))}{\lambda_n}$ monoton wachsend. Da mit $\{f(n)\}$ auch $\{-f(n)\}$ die Bedingungen (i), (ii) und

(iii) erfüllt, ist die Folge $\{-f(n)\}$ (M, λ_n)-gleichverteilt modulo 1 nach Fall a). Da mit der Folge $\{-f(n)\}$ auch die Folge $\{f(n)\}$ (M, λ_n)-gleichverteilt modulo 1 ist — dies folgt unmittelbar aus dem Weylschen Kriterium durch Anwendung des Isomorphismus $i \to -i$ —, ist Hilfssatz 5 bewiesen.

Hilfssatz 6: Sei $\lambda(x) > 0$ eine reelle, stetige, monoton abnehmende Funktion, und es sei $\int_1^\infty \lambda(x)\,dx = \infty$. Sei $\{t_n\}$ eine Folge reeller Zahlen aus dem Einheitsintervall. Ist nun die Folge $\{f(n)\}$ $(M, \lambda(n))$-gleichverteilt modulo 1, dann ist sie auch $(M, \lambda(n + kt_n))$-gleichverteilt modulo 1 und umgekehrt (k eine feste natürliche Zahl).

Beweis: Es gilt
$$\sum_{n=1}^{N} \lambda(n) \geqslant \sum_{n=1}^{N} \lambda(n + kt_n) \geqslant \sum_{n=k+1}^{N+k} \lambda(n) \geqslant \sum_{n=k+1}^{N+k} \lambda(n + kt_n).$$
Ebenso gilt für jedes $x \in [0, 1]$
$$\sum_{n=1}^{N} \lambda(n)\, c(f(n), x) = \sum_{n=1}^{N} \lambda(n + kt_n)\, c(f(n), x) + O(k).$$
Daraus folgt unmittelbar die Behauptung.

Hilfssatz 7 (Satz von Fejer) [4]: Es sei $f(x)$ eine reelle, stetig differenzierbare Funktion, $\lambda(x) > 0$ eine reelle, stetige, monoton abnehmende Funktion mit $\int_1^\infty \lambda(x)\,dx = \infty$. Seien von einer festen Zahl x_0 an folgende Bedingungen erfüllt:

(i) $f'(x) \to 0$, für $x \to \infty$,

(ii) $\dfrac{f'(x)}{\lambda(x)}$ monoton für $x \geqslant x_0$,

(iii) $\dfrac{|f'(x)|}{\lambda(x)} \int_1^x \lambda(y)\,dy \to \infty$, für $x \to \infty$.

Dann ist die Folge $\{f(n)\}$ $(M, \lambda(n))$-gleichverteilt modulo 1.

Beweis: $\Delta f(x) = f'(x + t_x)$ mit $0 \leqslant t_x \leqslant 1$. Es gilt dann, $\Delta f(n) = f'(n + t_n) \to 0$, für $n \to \infty$, nach (i). Ebenso ist

$$\frac{\Delta f(n)}{\lambda(n+t_n)} = \frac{f'(n+t_n)}{\lambda(n+t_n)} \text{ monoton für } n \geqslant x_0 \text{ nach (ii), und}$$

$$\frac{|\Delta f(n)|}{\lambda(n+t_n)} \sum_{h=1}^{n} \lambda(h+t_n) \cong \frac{f'(n+t_n)}{\lambda(n+t_n)} \int_{1}^{n+t_n} \lambda(x)\,dx \to \infty, \text{ für } n \to \infty,$$

nach (iii). Damit sind die Voraussetzungen des Hilfssatzes 4 erfüllt. Also ist die Folge $\{f(n)\}$ $(M, \lambda(n+t_n))$-gleichverteilt modulo 1 und nach Hilfssatz 6 auch $(M, \lambda(n))$-gleichverteilt modulo 1.

Hilfssatz 8: Sei $\lambda(x) > 0$ eine reelle, stetige, monoton abnehmende Funktion und $\int_{1}^{\infty} \lambda(x)\,dx = \infty$. Die Folge $\{\lambda(n)\}$ erfülle die Bedingung B des Hilfssatzes 5. Ist $f(x)$ eine reelle, k-mal stetig differenzierbare Funktion, die folgende Bedingungen erfüllt,

(i) $f^{(k)}(x) \to 0$ für $x \to \infty$,

(ii) $\dfrac{f^{(k)}(x)}{\lambda(x)}$ monoton für $x \geqslant x_0$,

(iii) $\dfrac{|f^{(k)}(x)|}{\lambda(x)} \int_{1}^{x} \lambda(y)\,dy \to \infty$, für $x \to \infty$,

so ist die Folge $\{f(n)\}$ $(M, \lambda(n))$-gleichverteilt modulo 1.

Beweis: Für $k=1$ ist Hilfssatz 8 im Hilfssatz 7 enthalten. Sei nun $k \geqslant 2$ und $(h_1, h_2, \ldots h_{k-1})$ eine beliebiges $(k-1)$-Tupel natürlicher Zahlen. Durch k-maliges Anwenden des Mittelwertsatzes der Differentialrechnung erhält man:

$$\Delta f_{h_1 h_2 \ldots h_{k-1}}(n) = f'_{h_1 h_2 \ldots h_{k-1}}(n + t_n^{(0)}) =$$
$$= h_{k-1} f''_{h_1 h_2 \ldots h_{k-2}}(n + t_n^{(0)} + h_{k-1} t_n^{(k-1)}) =$$
$$= \prod_{i=1}^{k-1} h_i\, f^{(k)}(n + t_n^{(0)} + \sum_{i=1}^{k-1} t_n^{(i)} h_i) = c_1 f^{(k)}(n + c_2 t_n),$$

$$c_1 = \prod_{i=1}^{k-1} h_i, \quad c_2 = 1 + \sum_{i=1}^{k-1} h_i, \quad 0 \leqslant t_n \leqslant 1, \quad (f_h(x) = f(x+h) - f(x),$$
$$f_{h_1 h_2 \ldots h_s}(x) = f_{h_1 h_2 \ldots h_{s-1}}(h_s + x) - f_{h_1 h_2 \ldots h_{s-1}}(x)).$$

Daraus und aus obigen Voraussetzungen folgt nun:

$\Delta f_{h_1 h_2 \cdots h_{k-1}}(n) \to 0$, für $n \to \infty$, nach (i), $\dfrac{\Delta f_{h_1 h_2 \cdots h_{k-1}}(n)}{\lambda(n+c_2 t_n)}$ monoton für $n \geqslant x_0$ nach (ii), und $\dfrac{|\Delta f_{h_1 h_2 \cdots h_{k-1}}(n)|}{\lambda(n+c_2 t_n)} \sum_{s=1}^{n} \lambda(s + c_2 t_s) \to \infty$, für $n \to \infty$, nach (iii). Nach Hilfssatz 4 und Hilfssatz 6 folgt nun, daß die Folge $\{f_{h_1 h_2 \cdots h_{k-1}}(n)\}$ $(M, \lambda(n))$-gleichverteilt modulo 1 ist. Nun wenden wir $k-1$ mal Satz 5 an: Es folgt die Behauptung.

Hilfssatz 9: Sei die Folge der positiven Zahlen $\{\lambda_n\}$ monoton fallend und sei für eine natürliche Zahl d die Folge $\left\{K(n,d) = \dfrac{\lambda_{nd}}{\lambda_n}\right\}$ monoton. Dann sind die Limitierungsverfahren (M, λ_n) und (M, λ_{nd}) gleich stark, d. h. (M, λ_n) limitiert alle (M, λ_{nd})-limitierbaren Folgen zum selben Grenzwert und umgekehrt.

Beweis: Wir benutzen einen bekannten Satz aus der Theorie der Limitierungsverfahren [9]. Seien $\{p_n\}$, $\{q_n\}$ zwei Folgen positiver Zahlen, $\sum_{1}^{\infty} p_n = \sum_{1}^{\infty} q_n = \infty$. Sei entweder ($\alpha$) $\dfrac{q_{n+1}}{q_n} \leqslant \dfrac{p_{n+1}}{p_n}$ oder (β) $\dfrac{p_{n+1}}{p_n} \leqslant \dfrac{q_{n+1}}{q_n}$ und $\dfrac{\sum_{1}^{n} p_k}{p_n} \leqslant H \dfrac{\sum_{1}^{n} q_k}{q_n}$, so ist (M, q_n) stärker als (M, p_n), in Zeichen $(M, q_n) \supset (M, p_n)$. Wir unterscheiden nun zwei Fälle:

a) $\{K(n,d)\}$ ist monoton wachsend. Dann ist $\dfrac{\lambda_{n+1}}{\lambda_n} \leqslant \dfrac{\lambda_{nd+d}}{\lambda_{nd}}$, also nach ($\alpha$) $(M, \lambda_n) \supset (M, \lambda_{nd})$. Da $\dfrac{\lambda_{nd}}{\lambda_n}$ wächst, existiert ein $k > 0$, so daß $\dfrac{\lambda_{nd}}{\lambda_n} \geqslant k$, $\lambda_{nd} \geqslant k \lambda_n$. Also $\dfrac{\sum_{1}^{n} \lambda_k}{\lambda_n} \leqslant \dfrac{1}{k} \dfrac{\sum_{1}^{n} \lambda_{kd}}{\lambda_{nd}}$. Nach ($\beta$) ist dann $(M, \lambda_{nd}) \supset (M, \lambda_n)$.

b) $\{K(n,d)\}$ ist monoton fallend. Dann ist $\dfrac{\lambda_{nd+d}}{\lambda_{nd}} \leqslant \dfrac{\lambda_{n+1}}{\lambda_n}$, also nach (a) $(M, \lambda_{nd}) \supset (M, \lambda_n)$. Wir zeigen nun: Es gibt eine Konstante $R > 0$, so daß $\dfrac{\lambda_{nd}}{\lambda_n} \geqslant R$. Angenommen das wäre nicht so. Dann gilt

$\dfrac{\lambda_{nd}}{\lambda_n} \to 0$ und daher (M, λ_n)-$\lim\limits_{n\to\infty} \dfrac{\lambda_{nd}}{\lambda_n} = \lim\limits_{n\to\infty} \dfrac{\sum\limits_{1}^{n} \lambda_k d}{\sum\limits_{1}^{n} \lambda_k} = 0$. Es ist aber

$\sum\limits_{n=1}^{N} \lambda_{nd} \cong d^{-1} \sum\limits_{n=1}^{Nd} \lambda_n$, was einen Widerspruch ergibt. Aus $\dfrac{\lambda_{nd}}{\lambda_n} \geqslant R$ folgt

$\dfrac{\sum\limits_{1}^{N} \lambda_{nd}}{\lambda_{Nd}} \leqslant \dfrac{1}{R} \dfrac{\sum\limits_{1}^{N} \lambda_n}{\lambda_N}$. Damit ist ($\beta$) erfüllt und daher $(M, \lambda_n) \supset (M, \lambda_{nd})$.

Wir folgern nun aus Hilfssatz 5:

Satz 8: Sei $\{\lambda_n\}$ eine Folge positiver Zahlen, die folgenden Bedingungen genügen:

(A): $\lambda_1 \geqslant \lambda_2 \geqslant \ldots > 0$, $\sum\limits_{n=1}^{\infty} \lambda_n = \infty$.

(B): Für jede natürliche Zahl k ist die Folge $\left\{B(n,k) = \dfrac{\lambda_n}{\lambda_{n+k}}\right\}$ eine monoton abnehmende Funktion von n.

(C): Für jede natürliche Zahl d ist die Folge $\left\{K(n,d) = \dfrac{\lambda_{nd}}{\lambda_n}\right\}$ eine monotone Funktion von n.

Ist $\{f(n)\}$ eine Folge reeller Zahlen, und sind für eine feste, natürliche Zahl k folgende Bedingungen erfüllt:

(i) $\Delta^k f(n) \to 0$, für $n \to \infty$,

(ii) $\dfrac{\Delta^k f(n)}{\lambda_n}$ monoton für $n \geqslant n_0$,

(iii) $\dfrac{|\Delta^k f(n)|}{\lambda_n} L_n \to \infty$, für $n \to \infty$,

dann ist die Folge $\{f(n)\}$ (M, λ_n)-homogen gleichverteilt modulo 1.

Beweis: Durch eventuelle Änderung des Vorzeichens von $f(n)$ kann man erreichen, daß $\dfrac{\Delta^k f(n)}{\lambda_n}$ monoton wächst. Es gilt $\Delta^k f((n)d) =$

$= \sum\limits_{s_1=0}^{d-1} \ldots \sum\limits_{s_k=0}^{d-1} \Delta^k f(nd + s_1 + \ldots + s_k)$. Nun wächst $\dfrac{\Delta^k f((n)d)}{\lambda_{nd}} =$

$= \sum\limits_{s_1=0}^{d-1} \ldots \sum\limits_{s_k=0}^{d-1} \dfrac{\Delta^k f(nd + s_1 + \ldots + s_k)}{\lambda_{nd + s_1 + \ldots + s_k}} \cdot \dfrac{\lambda_{nd + s_1 + \ldots + s_k}}{\lambda_{nd}}$ monoton, da in jedem Summanden der erste Faktor nach (ii) und der zweite nach (B) monoton wächst. Da $\sum_{n=1}^{N} \lambda_{nd} = d^{-1} L_{Nd} + o(L_{Nd})$ folgt aus (iii) und aus dem Vorhergehenden, daß $\Delta^k f((n)d)$ die Bedingungen des Hilfssatzes 5 mit den Gewichten λ_{nd} erfüllt. Es ist also die Folge $\{f(nd)\}$ (M, λ_{nd})-gleichverteilt modulo 1. Nach Hilfssatz 9 sind die Summierungsverfahren (M, λ_{nd}) und (M, λ_n) gleich stark. Daraus folgt, daß die Folge $\{f(nd)\}$ (M, λ_n)-gleichverteilt modulo 1 ist. Da mit $\{f(n)\}$ auch $\{d^{-1} f(n)\}$ die Voraussetzungen erfüllt, folgt nach Definition 1 die Behauptung.

Satz 9: Sei $\lambda(x) > 0$ eine reelle, stetige, monoton abnehmende Funktion. Die Folge $\{\lambda(n)\}$ erfülle die Bedingungen (A), (B) und (C) des Satzes 8. Ist $f(x)$ eine reelle k-mal stetig differenzierbare Funktion, die folgende Bedingungen erfüllt:

(i) $f^{(k)}(x) \to 0$, für $x \to \infty$,

(ii) $\dfrac{f^{(k)}(x)}{\lambda(x)}$ monoton für $x \geqslant x_0$,

(iii) $\dfrac{|f^{(k)}(x)|}{\lambda(x)} \int_1^x \lambda(y)\,dy \to \infty$, für $x \to \infty$,

dann ist die Folge $\{f(n)\}$ $(M, \lambda(n))$-homogen gleichverteilt modulo 1.

Beweis: Aus (i) folgt, $f^{(k)}(xd) \to 0$, für $x \to \infty$; aus (ii) folgt, $\dfrac{f^{(k)}(xd)}{\lambda(xd)}$ ist monoton; und aus (iii) folgt, $\dfrac{f^{(k)}(xd)}{\lambda(xd)} \int_1^x \lambda(yd)\,dy \to \infty$, für $x \to \infty$. Da $f^{(k)}(xd) = d^{-1}(f(xd))^{(k)}$, erfüllt $f(xd)d^{-1}$ die Voraussetzungen des Hilfssatzes 8 mit den Gewichten $\lambda(nd)$. Aus Hilfssatz 8 und Hilfssatz 9 folgt nun, die Folge $\{d^{-1} f(nd)\}$ ist $(M, \lambda(n))$-gleichverteilt modulo 1. Nach Definition 1 folgt daraus die Behauptung.

Hilfssatz 10: Die Funktionen $\lambda_k(x) = \dfrac{1}{x \cdot \ln x \ldots \ln_k x}$, ($k = 0, 1, 2, \ldots$), erfüllen für $x \geqslant e_k(1)$, ($e_k^x = e^x_{k-1}$, $e_0^x = x$), die Bedingungen (A), (B) und (C) des Satzes 8.

Beweis: Erfolgt durch vollständige Induktion nach k. Für $k = 0$:

$\lambda_0(x) = x^{-1}$. (A) ist erfüllt, da x^{-1} monoton fällt und $\int_1^x \lambda_0(y)\,dy = \ln x$ ist. $B(n,k) = \dfrac{n+k}{n}$ fällt ebenfalls für jedes $k \geqslant 0$ monoton. $K(n,d) = \dfrac{n}{nd} = d^{-1}$ ist auch monoton. Sei nun der Satz für $k = r-1$ als bewiesen angenommen. Dann gilt für $k = r$: (A) ist erfüllt, da $\lambda_r(x)$ monoton fällt und $\int_{e_r(1)}^x \lambda_r(y)\,dy = \ln_{r+1} x$ ist. $B(n,s) = \dfrac{\lambda_r(n)}{\lambda_r(n+s)} =$

$= \dfrac{(n+s) \cdot \ln(n+s) \ldots \ln_r(n+s)}{n \cdot \ln n \ldots \ln_r n}$. Da der Satz für $k \leqslant r-1$ als bewiesen angenommen ist, genügt es, zu zeigen, daß $y = \dfrac{\ln_r(x+s)}{\ln_r x}$ monoton fällt. Dies folgt aus $y' = \dfrac{\lambda_r(x+s) - \lambda_r(x)}{\ln_r x \cdot \ln_r^{-1}(x+s)} \leqslant 0$. Damit ist (B) bewiesen. Ebenso genügt es für die Monotonie von $K(n,d) =$

$= \dfrac{n \ln n \ldots \ln_r n}{nd \ln(nd) \ldots \ln_r(nd)}$, zu zeigen, daß $z = \dfrac{\ln_r x}{\ln_r(xd)}$ monoton wächst. Dies folgt aus $z' = \dfrac{\lambda_r(x) - d\,\lambda_r(dx)}{\ln_r(xd)\ln_r^{-1} x} \geqslant 0$, womit auch (C) bewiesen ist. Aus Satz 9 und Hilfssatz 10 folgt unmittelbar:

Satz 10: Ist $f(x)$ eine reelle, k-mal stetig differenzierbare Funktion und gilt

(i) $f^{(k)}(x) \to 0$, für $x \to \infty$,

(ii) $f^{(k)}(x)\, x \cdot \ln x \ldots \ln_s x$ monoton,

(iii) $f^{(k)}(x)\, x \cdot \ln x \ldots \ln_s x \cdot \ln_{s+1} x \to \infty$ für $x \to \infty$,

dann ist die Folge $\{f(n)\}$ $\left(M, \dfrac{1}{n \ln n \ldots \ln_s n}\right)$-homogen gleichverteilt modulo 1.

Bemerkung: Wir ersetzen für jene n, für die das Gewicht im Satz 10 nicht definiert ist, $\lambda(n)$ durch 1.

Satz 11: Ist $g(x)$ eine monoton wachsende, zweimal stetig differenzierbare, reelle Funktion, $g'(x)$ monoton nicht zunehmend, für jede natürliche Zahl d $\dfrac{g'(nd)}{g'(n)}$ monoton, und ist $f(x)$ eine monoton wachsende, stetig differenzierbare, reelle Funktion mit $f'(x) \to 0$, für $x \to \infty$, so ist $f(g(x))$ genau dann $(M, g'(n))$-homogen gleichverteilt modulo 1, wenn $f(x)$ $(M, 1)$-homogen gleichverteilt modulo 1 ist.

Beweis: J. Cigler [10] zeigte: Ist $g(x)$ eine monoton wachsende, zweimal stetig differenzierbare, reelle Funktion, ist $g'(x)$ monoton nicht zunehmend und ist $f(x)$ eine monoton wachsende, stetig differenzierbare, reelle Funktion mit $f'(x) \to 0$, für $x \to \infty$, so ist $f(g(x))$ genau dann $(M, g'(n))$-gleichverteilt modulo 1, wenn $f(x)$ $(M, 1)$-gleichverteilt modulo 1 ist. Aus diesem Satz und Hilfssatz 9 folgt unmittelbar die Behauptung.

Satz 12: Ist $f(x)$ monoton wachsend, stetig differenzierbar, strebt $f'(x) \to 0$, für $x \to \infty$, und ist die Folge $\{f(n)\}$ $(M, 1)$-homogen gleichverteilt modulo 1, so ist die Folge $\{f(n^s)\}$ für $s \in (0, 1]$ $(M, 1)$-homogen gleichverteilt modulo 1.

Beweis [10]: $g(x) = x^s$ erfüllt die Voraussetzungen des Satzes 11. Also ist die Folge $\{f(n^s)\}$ (M, n^{s-1})-homogen gleichverteilt modulo 1, wenn $f(x)$ die Bedingungen des Satzes 12 erfüllt. Da $\dfrac{(n+1)^{s-1}}{n^{s-1}} \leqslant 1$

und $\dfrac{\sum\limits_{1}^{N} n^{s-1}}{N^{s-1}} \cong \dfrac{1}{s} N$, $\dfrac{\sum\limits_{1}^{N} 1}{1} = N$, ist die Voraussetzung (β) des beim Beweis von Hilfssatz 9 zitierten Satzes erfüllt. Nach diesem ist $(M, 1) \supset (M, n^{s-1})$. Damit ist Satz 12 bewiesen.

Satz 13: Es sei $f(x)$ eine monoton wachsende, zweimal stetig differenzierbare, reelle Funktion, $f(x) \to \infty$, $f'(x) \to 0$, monoton für $x \to \infty$ und $\dfrac{f'(nd)}{f'(n)}$ monoton für jede natürliche Zahl d. Dann ist die Folge $\{f(n)\}$ $(M, f'(n))$-homogen gleichverteilt modulo 1.

Beweis: J. Cigler [10] zeigte: Es sei $f(x)$ monoton wachsend, zweimal stetig differenzierbar, $f(x) \to \infty$, $f'(x) \to 0$ monoton, für $x \to \infty$, dann ist die Folge $\{f(n)\}$ $M, f'(n)$)-gleichverteilt modulo 1. Daraus und aus Hilfssatz 9 folgt die Behauptung.

Satz 14: Eine monoton wachsende, zweimal stetig differenzierbare Funktion $f(x)$, für die $f(x) \to \infty$, $f'(x) \to 0$ monoton, für $x \to \infty$, ist entweder $(M, 1)$-homogen gleichverteilt modulo 1, oder $\lim_{N \to \infty} N^{-1} \sum_{n=1}^{N} e^{2\pi i q \frac{f(nd)}{d}}$ existiert nicht für alle Paare natürlicher Zahlen (q, d).

Beweis [10]: Gibt es für jedes Paar (q, d) den obigen Limes, so muß er gleich Null sein, denn $\{f(n)\}$ ist $(M, f'(n))$-homogen gleichverteilt modulo 1 nach Satz 13, und $(M, f'(n))$ ist stärker als $(M, 1)$. Nach Satz 2 folgt die Behauptung.

Satz 15: Sei $\tau(n) = \sum_{d/n} 1$, $\vartheta = \underline{\lim}\, \beta$ in $\sum_{n=1}^{N} \tau(n) = N \ln N + (2c-1)N + 0(N^\beta)$. Es sei $f(x)$ eine reelle, zweimal stetig differenzierbare Funktion, $f'(x) > 0$ strebe monoton nach Null, für $N \to \infty$. Für die Umkehrfunktion $F(x)$ gelte:

$$\frac{F(x)}{F(x+1)} \to 1, \quad \frac{F'(x)}{F(x)} \to 0, \quad \frac{F''(x)}{F'(x)} \to 0, \quad \frac{F(x)^\vartheta}{F'(x) \log F(x)} \to 0$$

für $x \to \infty$. Unter diesen Voraussetzungen ist die Folge $\{f(n)\}$ $(M, \tau(n))$-homogen gleichverteilt modulo 1.

Beweis: J. Cigler [10] zeigte, daß unter obigen Voraussetzungen $f(x)$ $(M, \tau(n))$-gleichverteilt modulo 1 ist. Mit $f(x)$ erfüllt auch $d^{-1} f(xd)$ die Voraussetzungen. Daraus folgt nach Definition 1 die Behauptung.

IV

Wir betrachten nun Folgen $\{\alpha r^n\}$, wo α eine reelle und $r \geq 2$ eine natürliche Zahl ist. $\{\lambda_n\}$ sei eine Folge positiver Zahlen, die den Bedingungen (A), (B) und (C) des Satzes 8 genügt. Zur Untersuchung der Folge $\{\alpha r^n\}$ führen wir den Begriff „(M, λ_n)-Normalzahl" ein. Dieser ist die natürliche Verallgemeinerung des Begriffes „Normalzahl" [11], [12] durch Verwendung bewichteter Mittelbildung. Wir definieren:

Definition 4: Eine reelle Zahl α heißt genau dann (M, λ_n)-Normalzahl zur Basis r, wenn die Folge $\{\alpha r^n\}$ (M, λ_n)-gleichverteilt modulo 1 ist.

Sei nun α eine bestimmte, reelle Zahl, $\alpha - [\alpha] = 0, a_0{}^{(s)} a_1{}^{(s)} \ldots$ die r^s-adische Darstellung der Zahl $\alpha - [\alpha]$ (s ist eine natürliche Zahl). Es gilt $0 \leqslant a_n{}^{(s)} \leqslant r^s - 1$. Ist von einem festen N an für alle $n \geqslant N$ $a_n{}^{(s)} = r^s - 1$ und ist N_0 das kleinste N mit dieser Eigenschaft, so ersetzen wir den Block $a_{N_0-1}^{(s)} a_{N_0}^{(s)} \ldots$ durch $a_{N_0-1}^{(s)} + 1, 0\, 0 \ldots$. Damit ist Eindeutigkeit in der Darstellung erreicht. Sei $b_0{}^{(s)} b_1{}^{(s)} \ldots b_k{}^{(s)}$ ein Block von Ziffern zur Basis r^s. Dann definieren wir:

$$c(N, \alpha, b_0^{(s)} b_1^{(s)} \ldots b_k^{(s)}) \begin{cases} 1 \text{ wenn } a_N^{(s)} a_{N+1}^{(s)} \ldots a_{N+k}^{(s)} = b_0^{(s)}, b_1^{(s)} \ldots b_k^{(s)} \\ 0 \text{ sonst.} \end{cases}$$

Eine Zahl α nennen wir nun genau dann (M, λ_n)-einfach normal zur Basis r, wenn für jede Ziffer b zur Basis r

$$(M, \lambda_n)\text{-}\lim_{n \to \infty} c(n, \alpha, b) = r^{-1}.$$

Es gelten folgende Sätze:

Satz I: Eine reelle Zahl α ist genau dann (M, λ_n)-Normalzahl zur Basis r, wenn für jedes Paar natürlicher Zahlen (k, m) $\alpha\, r^{k-1}$ (M, λ_n)-einfach normal zur Basis r^m ist.

Satz II: Eine reelle Zahl α ist genau dann (M, λ_n)-Normalzahl zur Basis r, wenn für jeden Block $b_0{}^{(1)} b_1{}^{(1)} \ldots b_k{}^{(1)}$ von Ziffern zur Basis r der Länge $k + 1$ ($k = 0, 1, 2, \ldots$),

$$(M, \lambda_n)\text{-}\lim_{n \to \infty} c(n, \alpha, b_0^{(1)} b_1^{(1)} \ldots b_k^{(1)}) = r^{-(k+1)}.$$

Wir führen den Beweis der Sätze I und II in drei Schritten.

a) Behauptung a): Ist für jedes Paar (s, m) natürlicher Zahlen $\alpha\, r^{s-1}$ (M, λ_n)-einfach normal zur Basis r^m, dann existiert für jeden Block $b_0{}^{(1)} b_1{}^{(1)} \ldots b_k{}^{(1)}$, ($k = 0, 1, 2, \ldots$), von Ziffern zur Basis r, der Länge $k + 1$,

$$(M, \lambda_n)\text{-}\lim_{n \to \infty} c(n, \alpha, b_0^{(1)} b_1^{(1)} \ldots b_k^{(1)}) = r^{-(k+1)}.$$

Beweis: Ist $\alpha - [\alpha] = 0, a_0{}^{(1)} a_1{}^{(1)} \ldots$ die r-adische Darstellung, $\alpha - [\alpha] = 0, a_0{}^{(k+1)} a_1{}^{(k+1)} \ldots$ die r^{k+1}-adische Darstellung von $\alpha - [\alpha]$, so ist $a_s{}^{(k+1)} = a_{s(k+1)}^{(1)} a_{s(k+1)+1}^{(1)} \ldots a_{s(k+1)+k}^{(1)}$ ($s = 0, 1, 2, \ldots$). Ist $b_0{}^{(1)} b_1{}^{(1)} \ldots b_k{}^{(1)}$ ein Block, der Länge $k + 1$, von Ziffern zur Basis r, so gibt es eine Ziffer $c^{(k+1)}$ zur Basis r^{k+1}, so daß $c^{(k+1)} = b_0{}^{(1)} b_1{}^{(1)} \ldots b_k{}^{(1)}$, und es gilt: $c(n, \alpha, c^{(k+1)}) = c(n(k+1), \alpha, b_0{}^{(1)} b_1{}^{(1)} \ldots b_k{}^{(1)})$. Ebenso gilt: $c(n, \alpha r^s, c^{(k+1)}) = c(n(k+1) + s, \alpha, b_0^{(1)} b_1^{(1)} \ldots b_k^{(1)})$. Nach Voraussetzung existiert (M, λ_n)-$\lim_{n \to \infty} c(n, \alpha r^s, c^{(k+1)})$, und es gilt:

$$(M, \lambda_n)\text{-}\lim_{n \to \infty} c(n, \alpha r^s, c^{(k+1)}) =$$
$$= (M, \lambda_n)\text{-}\lim_{n \to \infty} c(n(k+1) + s, \alpha, b_0^{(1)} b_1^{(1)} \ldots b_k^{(1)}) =$$
$$= (M, \lambda_{n(k+1)+s})\text{-}\lim_{n \to \infty} c(n(k+1) + s, \alpha, b_0^{(1)} b_1^{(1)} \ldots b_k^{(1)}),$$

denn aus den Bedingungen (A) und (C), (Hilfssatz 9) folgt, daß für jedes Paar $s, k = 0, 1, 2, \ldots$ die Limitierungsverfahren (M, λ_n) und $(M, \lambda_{n(k+1)+s})$ gleich stark sind. Da $\sum_{n=0}^{N} \lambda_{n(k+1)+s} \cong \sum_{n=0}^{N(k+1)} \lambda_n \frac{1}{k+1}$ ist, gilt

$$\sum_{s=0}^{k} (M, \lambda_n)\text{-}\lim_{n \to \infty} c(n, \alpha r^s, c^{(k+1)}) =$$
$$= \sum_{(s=0)}^{k} (M, \lambda_{n(k+1)+s})\text{-}\lim_{n \to \infty} c(n(k+1) + s, \alpha, b_0^{(1)} b_1^{(1)} \ldots b_k^{(1)}) =$$
$$= (k+1)(M, \lambda_n)\text{-}\lim_{n \to \infty} c(n, \alpha, b_0^{(1)} b_1^{(1)} \ldots b_k^{(1)}).$$

Nun ist aber nach Voraussetzung (M, λ_n)-$\lim_{n \to \infty} c(n, \alpha r^s, c^{(k+1)}) = r^{-(k+1)}$ und daher

$$(M, \lambda_n)\text{-}\lim_{n \to \infty} c(n, \alpha, b_0^{(1)} b_1^{(1)} \ldots b_k^{(1)}) = r^{-(k+1)}. \text{ w. z. z. w.}$$

b) Behauptung b): Existiert für jeden Block $b_0^{(1)} b_1^{(1)} \ldots b_k^{(1)}$ der Länge $k+1$ von Ziffern zur Basis r

$$(M, \lambda_n)\text{-}\lim_{n \to \infty} c(n, \alpha, b_0^{(1)} b_1^{(1)} \ldots b_k^{(1)}) = r^{-(k+1)} \quad (k = 0, 1, 2, \ldots),$$

so ist die Folge $\{\alpha r^n\}$ (M, λ_n)-gleichverteilt modulo 1.

Beweis: Sei $c(x, I)$ die charakteristische Funktion des Intervalls I, mit der Periode 1 längs der reellen Achse fortgesetzt, $I(m, k)$ das Intervall $[k r^{-m}, (k+1) r^{-m})$, $0 \leqslant k \leqslant r^m - 1$, $m = 1, 2 \ldots$, und $k r^{-m} = 0, b_0^{(1)} b_1^{(1)} \ldots b_{m-1}^{(1)}$ die r-adische Darstellung von $k r^{-m}$. Dann ist $c(n, \alpha, b_0^{(1)} b_1^{(1)} \ldots b_{m-1}^{(1)}) = c(\alpha r^n, I(m, k))$. Daraus und aus obiger Voraussetzung folgt, daß

$$(M, \lambda_n)\text{-}\lim_{n \to \infty} c(\alpha r^n, I(m, k)) = r^{-m} = |I(m, k)|,$$

($|I|$ ist die Länge von I). Sei nun $I = [a, b)$ ein Intervall aus $[0, 1)$, $R_1^{(m)}$ die Vereinigungsmenge der Intervalle $[k r^{-m}, (k+1) r^{-m})$, die in I liegen, und $R_2^{(m)}$ die Vereinigungsmenge der Intervalle $[k r^{-m},$

$(k + 1) r^{-m}$), die in I liegen oder den Rand von I bedecken. Dann gilt $|\mathrm{I}| \leqslant |R_1^{(m)}| + 2 r^{-m}, |\mathrm{I}| \geqslant |R_2^{(m)}| - 2 r^{-m}$ und $c(\alpha r^n, R_2^{(m)}) \geqslant$
$\geqslant c(\alpha r^n, \mathrm{I}) \geqslant c(\alpha r^n, R_1^{(m)})$. Daraus folgt:

$(M, \lambda_n)\text{-}\overline{\lim_{n\to\infty}} c(\alpha r^n, R_2^{(m)}) = |R_2^{(m)}| \geqslant (M, \lambda_n)\text{-}\overline{\lim_{n\to\infty}} c(\alpha r^n, \mathrm{I}) \geqslant$

$\geqslant (M, \lambda_n)\text{-}\underline{\lim_{n\to\infty}} c(\alpha r^n, \mathrm{I}) \geqslant |R_1^{(m)}| = (M, \lambda_n)\text{-}\lim_{n\to\infty} c(\alpha r^n, R_1^{(m)})$.

Da $|R_1^{(m)}| \leqslant |\mathrm{I}| \leqslant |R_2^{(m)}|$ und $|R_2^{(m)}| \leqslant |R_1^{(m)}| + 4 r^{-m}$ ist, folgt, indem man m unbeschränkt wachsen läßt, $\lim_{n\to\infty} |R_1^{(m)}| =$
$= \lim_{n\to\infty} |R_2^{(m)}| = |\mathrm{I}|$. Daher existiert

$$(M, \lambda_n)\text{-}\lim_{n\to\infty} c(\alpha r^n, \mathrm{I}) = |\mathrm{I}|. \text{ w. z. z. w.}$$

c) Behauptung c): Ist die Folge $\{\alpha r^n\}$ (M, λ_n)-gleichverteilt modulo 1, so ist für jedes Paar (k, m) natürlicher Zahlen αr^{k-1} (M, λ_n)-einfach normal zur Basis r^m.

Zum Beweis der Behauptung c) benötigen wir einige Hilfssätze. Im folgenden bezeichne F bzw. F_{index} eine Teilfolge der natürlichen Zahlen, die gegen Unendlich divergiert. Wir erweitern nun den Begriff „Van der Corput-Verteilungsfunktion" [2], [13] und definieren:

Ist $\{x_n\}$ eine Folge reeller Zahlen und existiert für jede reelle Zahl $x \in [0, 1]$ und für eine feste Folge F

$$(M, \lambda_n)\text{-}\lim_{n \in F} c(x_n, x) = z(F, x),$$

so nennen wir $z(F, x)$ eine (M, λ_n)-Verteilungsfunktion der Folge $\{x_n\}$.

Hilfssatz a): Jede Folge $\{x_n\}$ von reellen Zahlen besitzt mindestens eine (M, λ_n)-Verteilungsfunktion.

Beweis: Hilfssatz a) folgt unmittelbar durch Spezialisierung aus einem Satz von E. Hlawka (Folgen auf kompakten Räumen, Satz 1) [2]. Ebenso folgt aus Satz 2 jener Arbeit, daß zu jedem Häufungspunkt $\bar{y}$ der Folge $\{\sum_{n=1}^{N}\lambda_n c(x_n, \bar{x}) (\sum_{n=1}^{N}\lambda_n)^{-1}\}$ eine (M, λ_n)-Verteilungsfunktion $z(F, x)$ existiert, so daß $z(F, \bar{x}) = \bar{y}$. Daraus folgt:

Hilfssatz b): Besitzt die Folge $\{x_n\}$ nur eine (M, λ_n)-Verteilungsfunktion $z(x)$, so existiert für jedes $x \in [0, 1]$

$$(M, \lambda_n)\text{-}\lim_{n\to\infty} c(x_n, x) = z(x).$$

Wir betrachten nun den Banachraum A [14] der über dem Intervall $[0,1]$ absolut stetigen, reellen Funktionen $f(x), f(0) = 0$, mit der Norm $\|f(x)\|_A = \int_0^1 |f'(x)| \, dx$. Dieser Raum ist, vermittels der Abbildung $f(x) \leftrightarrow f'(x)$, isometrisch-isomorph dem Raum $L(0,1)$, der über dem Intervall $[0,1]$ Lebesgue-summierbaren Funktionen mit der Norm $\|g(x)\|_L = \int_0^1 |g(x)| \, dx$, $g(x) \in L(0,1)$. Wir zeigen nun:

Hilfssatz c): Ist $f(x)$ absolut stetig, dann gibt es eine Folge $\{g_n(x)\}$ von Polynomen, so daß $\lim\limits_{n \to \infty} \|f(x) - g_n(x)\|_A = 0$.

Beweis: Es genügt Hilfssatz c) für Funktionen $f(x)$ mit $f(0) = 0$ zu zeigen. Da die Polynome in $L(0,1)$ dicht liegen [14], folgt auf Grund der isometrischen Isomorphie der Räume A und $L(0,1)$, daß die Polynome in A dicht liegen, denn bei der obigen Abbildung gehen die Polynome des einen Raumes genau in die Polynome des anderen Raumes über. Damit ist Hilfssatz c) bewiesen. Sei $g(x)$ eine reelle, auf $[0,1]$ definierte Funktion, für $r = 1, 2, \ldots$ sei T_r folgende Transformation:

$$T_r g(x) = \sum_{k=0}^{r-1} \left(g\left(\frac{x+k}{r}\right) - g\left(\frac{k}{r}\right) \right).$$

Für $f(x)$ aus A gilt:

$$\|T_r f(x)\|_A = \int_0^1 \left| \left(\sum_{k=0}^{r-1} \left(f\left(\frac{x+k}{r}\right) - f\left(\frac{k}{r}\right) \right) \right)' \right| dx =$$

$$= r^{-1} \int_0^1 \left| \sum_{k=0}^{r-1} f'\left(\frac{x+k}{r}\right) \right| dx \leqslant \sum_{k=0}^{r-1} \int_{\frac{k}{r}}^{\frac{k+1}{r}} |f'(x)| \, dx = \|f(x)\|_A.$$

Hilfssatz d): Für jede absolut stetige Funktion $f(x)$, mit $f(0) = 0$, ist $\lim\limits_{r \to \infty} T_r f(x) = f(1) x$.

Beweis: Wir zeigen die Behauptung zuerst für Polynome. Sei $P(x)$ ein Polynom mit $P(0) = 0$. Da $P'(x)$ stetig ist, ist für jedes $x \in [0,1]$

$$\lim_{r \to \infty} r^{-1} \sum_{k=0}^{r-1} P'\left(\frac{x+k}{r}\right) = \int_0^1 P'(x) \, dx = P(1),$$

und zwar erfolgt die Konvergenz gleichmäßig für alle $x \in [0,1]$.

Daraus folgt nun:

$$\lim_{r\to\infty} \| T_r P(x) - P(1)x \|_A = \lim_{r\to\infty} \int_0^1 |(T_r P(x) - P(1)x)'| \, dx =$$

$$= \lim_{r\to\infty} \int_0^1 \left| r^{-1} \sum_{k=0}^{r-1} P'\left(\frac{x+k}{r}\right) - P(1) \right| dx = 0.$$

Durch Anwendung von Hilfssatz c) und der gleichmäßigen Beschränktheit der Transformation T_r erhalten wir:

$$\lim_{r\to\infty} \| T_r f(x) - f(1)x \|_A = 0,$$

und daraus unmittelbar

$$\lim_{r\to\infty} T_r f(x) = f(1)x.$$

Hilfssatz e): Ist $z(F, x)$ eine (M, λ_n)-Verteilungsfunktion der Folge $\{x_n\}$, so ist $T_r z(F, x) = z_r(F, x)$ eine (M, λ_n)-Verteilungsfunktion der Folge $\{r x_n\}$, $(r \geqslant 2,$ ganz$)$.

Beweis: Sei a eine reelle Zahl, dann ist für jedes $x \in [0, 1]$ $c(ra, x) = \sum_{k=0}^{r-1} \left(c\left(a, \frac{x+k}{r}\right) - c\left(a, \frac{k}{r}\right) \right)$. Denn ist $c(ra, x) = 1$, so gilt $[ra] \leqslant ra < x + [ra]$, und daher $r^{-1}[ra] \leqslant a < r^{-1}x + r^{-1}[ra]$. Es ist also $c\left(a, \frac{x+k}{r}\right) - c\left(a, \frac{k}{r}\right) = 1$ für $[ar] \equiv k \pmod{r}$ und 0 sonst. Ist $c(ra, x) = 0$, dann ist auch für jedes k $c\left(a, \frac{x+k}{r}\right) - c\left(a, \frac{k}{r}\right) = 0$. Denn wäre für ein k $c\left(a, \frac{x+k}{r}\right) - c\left(a, \frac{k}{r}\right) = 1$, dann wäre $kr^{-1} \leqslant a < (k+x)r^{-1} \pmod{1}$. Daraus folgt $0 \leqslant ra < x \pmod{1}$ und $c(ra, x) = 1$ im Widerspruch zu $c(ra, x) = 0$. Es ist also $c(ra, x) = T_r c(a, x)$, woraus die Behauptung folgt.

Hilfssatz f): Ist $z(F, x)$ eine (M, λ_n)-Verteilungsfunktion der Folge $\{\alpha r^n\}$, so ist $T_r z(F, x) = z(F, x)$. Ist insbesondere $z(F, x)$ absolut stetig, so ist $z(F, x) = x$.

Beweis: Der erste Teil von Hilfssatz f) folgt unter Beachtung der Bedingung (A) unmittelbar aus Hilfssatz e) und der zweite unmittelbar aus Hilfssatz d).

Hilfssatz g): Ist eine der Folgen $\{\alpha\, r^{n\,d}\}$, $(d = 1, 2, \ldots)$, für eine feste natürliche Zahl $d = \bar{d}$ (M, λ_n)-gleichverteilt modulo 1, dann ist für jede natürliche Zahl d die Folge $\{\alpha\, r^{n\,d}\}$ (M, λ_n)-gleichverteilt modulo 1.

Beweis: Sei $\{\alpha\, r^{n\,\bar{d}}\}$ (M, λ_n)-gleichverteilt modulo 1. Wir zeigen zuerst, daß die Folge $\{\alpha\, r^n\}$ (M, λ_n)-gleichverteilt modulo 1 ist. Aus der Theorie der Gleichverteilung ist bekannt, daß mit $\{\alpha\, r^{n\,\bar{d}}\}$ auch die Folge $\{\alpha\, r^{n\,\bar{d}+k}\}$, ($k$ eine natürliche Zahl), (M, λ_n)-gleichverteilt modulo 1 ist. Da die Limitierungsverfahren (M, λ_n) und $(M, \lambda_{n\,\bar{d}+k})$ gleich stark sind (nach [A] und [C]), folgt analog dem Beweis der Behauptung a):

$$\bar{d}^{-1} \sum_{k=0}^{\bar{d}-1} (M, \lambda_{n\,\bar{d}+k})\text{-limes}_{n\to\infty} c\,(\alpha\, r^{n\,\bar{d}+k}, x) = (M, \lambda_n)\text{-limes}_{n\to\infty} c\,(\alpha\, r^n, x) = x,$$

d. h. die Folge $\{\alpha\, r^n\}$ ist (M, λ_n)-gleichverteilt modulo 1. Sei nun d eine beliebige natürliche Zahl und $z\,(F, x)$ eine $(M, \lambda_{n\,d})$-Verteilungsfunktion der Folge $\{\alpha\, r^{n\,d}\}$. Dann ist $T_r^k z\,(F, x)$ eine $(M, \lambda_{n\,d+k})$-Verteilungsfunktion der Folge $\{\alpha\, r^{n\,d+k}\}$. Bezeichnet $F\,d$ jene Folge der natürlichen Zahlen $n\,d$, für die n aus F ist, so gilt unter Beachtung der Bedingung (A):

$$\sum_{k=0}^{d-1} T_r^k z\,(F, x) = \sum_{k=0}^{r-1} (M, \lambda_{n\,d+k})\text{-limes}_{n \in F} c\,(\alpha\, r^{n\,d+k}, x) =$$
$$= d\,(M, \lambda_n)\text{-limes}_{n \in F\,d} c\,(\alpha\, r^n, x) = x\,d.$$

Da die Funktionen $T_r^k z\,(F, x)$ monoton wachsend sind, induziert die absolute Stetigkeit der Funktion x die absolute Stetigkeit der Funktion $z\,(F, x)$. Nach Hilfssatz f) ist dann $z\,(F, x) = x$, und nach Hilfssatz b) folgt nun, daß die Folge $\{\alpha\, r^{n\,d}\}$ $(M, \lambda_{n\,d})$-gleichverteilt modulo 1 ist. Da die Limitierungsverfahren (M, λ_n) und $(M, \lambda_{n\,d})$ gleich stark sind, folgt die Behauptung.

Wir beweisen nun die Behauptung c): Da nach Voraussetzung die Folge $\{\alpha\, r^n\}$ (M, λ_n)-gleichverteilt modulo 1 ist, gilt für jedes Intervall $[k\,r^{-1}, (k+1)\,r^{-1})$, $(k = 0, 1, 2, \ldots)$,

$$(M, \lambda_n)\text{-limes}_{n\to\infty} c\,(\alpha\, r^n, (k+1)\,r^{-1}) - c\,(\alpha\, r^n, k\,r^{-1})) =$$
$$= (M, \lambda_n)\text{-limes}_{n\to\infty} c\,(n, \alpha, k) = r^{-1},$$

d. h. α ist (M, λ_n)-einfach normal zur Basis r. Da mit der Folge $\{\alpha\, r^n\}$ nach Hilfssatz g) für jedes Paar natürlicher Zahlen (d, m) auch die

Folge $\{\alpha\, r^{d\,n+m-1}\}$ (M, λ_n)-gleichverteilt modulo 1 ist, folgt nach dem eben Bewiesenen, daß $\alpha\, r^{m-1}$ (M, λ_n)-einfach normal zur Basis r^d ist. Damit ist die Behauptung c) bewiesen. Aus den Behauptungen a), b) und c) folgen direkt die Sätze I und II.

Satz III: Mit α ist auch $\alpha\, p\, q^{-1}$ (p, q natürliche Zahlen), (M, λ_n)-Normalzahl zur Basis r.

Beweis: Da nach einem bekannten Satz der Gleichverteilungstheorie mit $\{\alpha\, r^n\}$ auch $\{\alpha\, p\, r^n\}$ (M, λ_n)-gleichverteilt modulo 1 ist, brauchen wir den Satz III nur für $p = 1$ zeigen. Wir unterscheiden zwei Fälle: 1. q enthält nur Primfaktoren, die auch Primfaktoren von r sind. In diesem Fall gibt es ein Paar natürlicher Zahlen (s, t), so daß $q = r^s/t$. Da mit der Folge $\{\alpha\, r^n\}$ auch die Folge $\{\alpha\, r^{n-s}\}$ und daher auch die Folge $\{\alpha\, t\, r^{n-s}\} = \{\alpha\, r^n/q\}$ (M, λ_n)-gleichverteilt modulo 1 ist, ist Satz III im Fall 1 gezeigt. 2. q enthält auch Primfaktoren, die nicht in r enthalten sind. In diesem Fall besitzt $1/q$ eine Entwicklung in einen periodischen Systembruch zur Basis r. Daraus folgt, es gibt ein Tripel (d, k, m) natürlicher Zahlen, so daß $1/q = m\, r^{-k}\, (r^d - 1)$ ist. Da mit α auch $\alpha\, m/r^k$ (M, λ_n)-Normalzahl zur Basis r ist, bleibt zu zeigen, daß mit α auch $\alpha/(r^d - 1)$ (M, λ_n)-Normalzahl zur Basis r ist. Nach Hilfssatz g) ist mit der Folge $\{\alpha\, r^n\}$ auch die Folge $\{\alpha\, r^{nd}\}$ (M, λ_n)-gleichverteilt modulo 1. Dann ist auch für jede natürliche Zahl h die Folge
$$\{\alpha\,(r^d-1)^{-1}\,r^{(n+h)d} - \alpha\,(r^d-1)^{-1}\,r^{nd}\} = \{\alpha\,(r^{dh}-1)\,(r^d-1)^{-1}\,r^{nd}\} =$$
$$= \{\alpha\,(r^{dh-d}+\ldots+r^d+1)\,r^{nd}\}\ (M, \lambda_n)\text{-gleichverteilt modulo 1. Daraus folgt nach Satz 5, daß die Folge } \{\alpha\,(r^d-1)^{-1}\,r^{nd}\}$$
und damit nach Hilfssatz g) auch die Folge $\{\alpha\,(r^d-1)^{-1}\,r^n\}$ (M, λ_n)-gleichverteilt modulo 1 ist. Damit ist Fall 2 vollständig bewiesen. Unmittelbar aus Satz III und Hilfssatz g) folgt:

Satz IV: Ist die Folge $\{\alpha\, r^n\}$ (M, λ_n)-gleichverteilt modulo 1, dann ist sie auch (M, λ_n)-homogen gleichverteilt modulo 1.

Satz IVa: Die Folge $\{\alpha\, r^n\}$ ist genau dann (M, λ_n)-homogen gleichverteilt modulo 1, wenn α eine (M, λ_n)-Normalzahl zur Basis r ist. Die Existenz von (M, λ_n)-Normalzahlen folgt aus

Satz V: Fast alle (im Lebesgueschen Sinn) reelle Zahlen sind (M, λ_n)-Normalzahlen zur Basis r. Fast alle reellen Zahlen sind (M, λ_n)-Normalzahlen zu jeder Basis r.

Beweis: Satz V gilt für $\lambda_n = 1$ [11]. Da das Limitierungsverfahren (M, λ_n) stärker ist als das Limitierungsverfahren $(M, 1)$ auf Grund der Bedingung (A), ist Satz V bewiesen. Wir zeigen nun:

Satz VI: Gibt es eine Folge $\{c_n\}$ mit $c_n = 0$ oder 1, so daß (M, λ_n)-$\underset{n \to \infty}{\text{limes}}\, c_n = 1$, aber $(M, 1)$-$\underset{n \to \infty}{\overline{\text{limes}}}\, c_n = c_1 < 1/2$ ist, so gibt es eine reelle Zahl, die (M, λ_n)-Normalzahl, aber nicht $(M, 1)$-Normalzahl zur Basis r ist.

Beweis: Es sei $\gamma = \sum_{n=1}^{\infty} c_n\, r^{-n}$. Dann ist $\gamma = 0, c_1\, c_2 \ldots$ die r-adische Darstellung von γ, und es gilt (M, λ_n)-$\underset{n \to \infty}{\text{limes}}\, c\,(n, \gamma, 11\ldots 1) = 1$, wo $11\ldots 1$ einen Block von k Einser bezeichnet. Denn wäre (M, λ_n)-$\underset{n \to \infty}{\overline{\text{limes}}}\, c\,(n, \gamma, 11\ldots 1) = c_2 < 1$, so gäbe es einen Block $b_1\, b_2 \ldots b_k$ von Nullen oder Einser, der mindestens eine Null enthält, so daß (M, λ_n)-$\underset{n \to \infty}{\text{limes}}\, c\,(n, \gamma, b_1\, b_2 \ldots b_k) = c_3 > 0$. Daraus und aus der Bedingung (A) folgt aber (M, λ_n)-$\underset{n \to \infty}{\text{limes}}\, c\,(n, \gamma, 0) > 0$ im Widerspruch zur Voraussetzung. Sei nun $\alpha \in (0, 1)$ eine $(M, 1)$-Normalzahl zur Basis r und $\alpha = 0, a_1\, a_2 \ldots$ ihre r-adische Darstellung. Wir betrachten nun die Zahl $\beta = \sum_{n=1}^{\infty} a_n\, c_n\, r^{-n}$ mit der r-adischen Darstellung $\beta = 0, b_1\, b_2 \ldots$, $b_n = c_n\, a_n$. Sei $d_1\, d_2 \ldots d_k$ ein Block von k Ziffern zur Basis r. Dann gilt:

$|\,c\,(n, \alpha, d_1\, d_2 \ldots d_k) - c\,(n, \beta, d_1\, d_2 \ldots d_k)\,| \leqslant 1 - c\,(n, \gamma, 11 \ldots 1)$,

$|\,(M, \lambda_n)$-$\underset{n \to \infty}{\overline{\text{limes}}}\,(c\,(n, \alpha, d_1\, d_2 \ldots d_k) - c\,(n, \beta, d_1\, d_2 \ldots d_k))\,| \leqslant$

$\leqslant (M, \lambda_n)$-$\underset{n \to \infty}{\overline{\text{limes}}}\,|\,c\,(n, \alpha, d_1\, d_2 \ldots d_k) - c\,(n, \beta, d_1\, d_2 \ldots d_k)\,| \leqslant$

$\leqslant (M, \lambda_n)$-$\underset{n \to \infty}{\overline{\text{limes}}}\,(1 - c\,(n, \gamma, 11 \ldots 1)) =$

$= 1 - (M, \lambda_n)$-$\underset{n \to \infty}{\underline{\text{limes}}}\, c\,(n, \gamma, 11 \ldots 1) = 0$.

Da α $(M, 1)$-Normalzahl zur Basis r und da das Limitierungsverfahren (M, λ_n) stärker als das Limitierungsverfahren $(M, 1)$ ist, folgt nach Satz I: (M, λ_n)-$\underset{n \to \infty}{\text{limes}}\, c\,(n, \beta, d_1\, d_2 \ldots d_k) = (M, 1)$-$\underset{n \to \infty}{\text{limes}}\, c\,(n, \alpha, d_1\, d_2 \ldots d_k) = 1/r^k$, d. h. β ist (M, λ_n)-Normalzahl zur Basis r. Wir zeigen nun, daß β nicht $(M, 1)$-einfach normal zur Basis r ist. Daraus folgt nach Satz I, daß β nicht $(M, 1)$-Normalzahl zur Basis r ist. Es ist nämlich $c(n, \gamma, 0) \leqslant c(n, \beta, 0)$, und

$$(M, 1)\text{-}\overline{\lim_{n \to \infty}} \, c(n, \beta, 0) \geqslant (M, 1)\text{-}\overline{\lim_{n \to \infty}} \, c(n, \gamma, 0) = 1 - c_1 > 1/2,$$

und daher β nicht $(M, 1)$-einfach normal zur Basis r.

Hilfssatz h): Für die Folge $\{c_n\}$, mit $c_n = 0$ für $10^{k^2} \leqslant n \leqslant 10^{k^2+1}$, $(k = 0, 1, 2, \ldots)$, und $c_n = 1$ sonst, gilt $(M, 1/n)\text{-}\lim_{n \to \infty} c_n = 1$, und $(M, 1)\text{-}\underline{\lim_{n \to \infty}} c_n = 1/10$.

Beweis: $10^{-(k^2+1)} \sum\limits_{n=1}^{10^{k^2+1}} c_n = 10^{-(k^2+1)} \cdot (10^{k^2+1} - \sum\limits_{n=1}^{k} 9 \cdot 10^{n^2} + 0(k)) = 1 - 9/10 + 0(10^{-2k})$.

Daraus folgt: $(M, 1)\text{-}\underline{\lim_{n \to \infty}} c_n = 1/10$. Sei nun N vorgegeben und k so gewählt, daß $10^{k^2} \leqslant N \leqslant 10^{(k+1)^2}$. Dann gilt:

$$\sum_{n=1}^{N} \frac{1}{n} c_n \geqslant \sum_{n=1}^{10^{k^2}} \frac{1}{n} c_n = \sum_{n=1}^{k-1} (\log 10^{(n+1)^2} - \log 10^{n^2+1} + 0(1)) = \log 10^{k^2} + 0(k),$$ und

$(M, 1/n)\text{-}\underline{\lim_{n \to \infty}} c_n \geqslant \lim_{k \to \infty} (\log 10^{(k+1)^2})^{-1} (\log 10^{k^2} + 0(k)) = 1.$

Daher existiert $(M, 1/n)\text{-}\lim_{n \to \infty} c_n = 1$. Aus Hilfssatz h) und Satz VI folgt:

Satz VII: Es gibt eine reelle Zahl, die wohl $(M, 1/n)$-Normalzahl, aber nicht $(M, 1)$-Normalzahl zur Basis r ist.

V

Wir zeigen nun einige mengentheoretische Sätze über homogene Gleichverteilung modulo 1.

Satz 16: Es seien a und b feste reelle Zahlen mit $a < b$. Ist $f(n, y)$ für jede natürliche Zahl n eine reelle stetig differenzierbare Funktion von y in $a \leqslant y \leqslant b$ und ist $f(N, y) - f(n, y)$ für jedes Paar ungleicher natürlicher Zahlen N und n eine monotone Funktion von y in $a \leqslant y \leqslant b$, die in diesem Intervall beständig einen Absolutwert $\geqslant K$ besitzt, wo K eine geeignet gewählte, von y, N und n unabhängige positive Zahl bedeutet, dann ist für fast alle y aus $a \leqslant y \leqslant b$ die Folge $\{f(n, y)\}$, $n = 1, 2, \ldots$, $(M, 1)$-homogen gleichverteilt modulo 1.

Beweis: Ersetzt man im Satz 1 homogen gleichverteilt durch gleichverteilt, so erhält man einen Satz von J. F. Koksma [15]. Da mit $f(n, y)$ auch $d^{-1} f(n\,d, y)$ die obigen Bedingungen erfüllt und da die Vereinigungsmenge von abzählbar vielen Mengen von Maß 0 auch Maß 0 hat, folgt nach Definition 1 die Behauptung.

Satz 17: Für $n = 1, 2, \ldots$ sei $M(n) \geqslant 1$, und es sei für jedes Paar verschiedener natürlicher Zahlen N und n $|M(n) - M(N)| \geqslant K$, wo K eine von N und n unabhängige positive Zahl ist. Dann ist die Folge $\{y^{M(n)}\}$, $(n = 1, 2, \ldots)$, für fast alle $y > 1$ $(M, 1)$-homogen gleichverteilt modulo 1.

Beweis: J. F. Koksma [15] zeigte, daß $f(n, y) = y^{M(n)}$ den Voraussetzungen des Satzes 16 genügt, wenn $M(n)$ den Voraussetzungen des Satzes 17 genügt. Wir können also Satz 16 anwenden. Setzen wir $M(n) = n$, so ist $|M(N) - M(n)| \geqslant 1$ für $N \neq n$ und $M(n) \geqslant 1$. Es gilt also Satz 17 und daher

Satz 18: Für fast alle $y > 1$ ist die Folge $\{y^n\}$, $(n = 1, 2, \ldots)$, $(M, 1)$-homogen gleichverteilt modulo 1.

Satz 19: Ist $c_1 \leqslant c_2 \leqslant c_3 \leqslant \ldots$ eine Folge reeller Zahlen, die der Bedingung $c_{n+1} \geqslant (1 + e)\, c_n$, $(n = 1, 2, \ldots)$, für eine positive Zahl e genügt, dann ist die Folge $\{c_n x\}$ für fast alle reellen Zahlen x $(M, 1)$-homogen gleichverteilt modulo 1.

Beweis: H. Weyl [5] zeigte unter den Voraussetzungen des Satzes 19, daß für fast alle reellen Zahlen x die Folge $\{c_n x\}$ $(M, 1)$-gleichverteilt modulo 1 ist. Mit der Folge $\{c_n\}$ erfüllt auch für jede natürliche Zahl d die Folge $\{c_{nd}\, d^{-1}\}$ die Bedingungen des Satzes 19. Daraus und aus dem Satz, daß die Vereinigungsmenge von abzählbar vielen Mengen von Maß 0 das Maß 0 besitzt, folgt 19.

VI

Wir betrachten eine unendliche Folge $\{a_n\}$ von ganzen Zahlen. Für irgendwelche ganze Zahlen a, j, und $m \geqslant 2$, sei

$$c(a, j, m) = \begin{cases} 1 & \text{wenn } a \equiv j \pmod{m} \\ 0 & \text{sonst.} \end{cases}$$

Wir definieren nun:

Definition 5: Die Folge $\{a_n\}$ von ganzen Zahlen heiße (M, λ_n)-gleichverteilt modulo m [16], wenn

$$(M, \lambda_n)\text{-}\lim_{n \to \infty} c(a_n, j, m) = 1/m, \text{ für } j = 1, 2, \ldots, m.$$

Die Folge $\{a_n\}$ von ganzen Zahlen heiße (M, λ_n)-gleichverteilt, wenn sie für jede natürliche Zahl $m \geqslant 2$ (M, λ_n)-gleichverteilt modulo m ist.

Satz 20: Sei $\{a_n\}$ eine Folge von ganzen Zahlen. Notwendig und hinreichend dafür, daß $\{a_n\}$ (M, λ_n)-gleichverteilt modulo m ist, ist

$$(M, \lambda_n)\text{-}\lim_{n \to \infty} e^{2\pi i a_n h/m} = 0, \text{ für alle } h = 1, 2, \ldots, m-1.$$

Beweis: Für $\lambda_n = 1$ siehe [17]. Wir führen den Beweis in zwei Schritten.

a) Es sei $\{a_n\}$ (M, λ_n)-gleichverteilt modulo m. Dann gilt für $h = 1, 2, \ldots, m-1$, $\sum_{n=1}^{N} \lambda_n e^{2\pi i a_n h/m} = \sum_{j=1}^{m} \sum_{n=1}^{N} \lambda_n c(a_n, j, m) e^{2\pi i j h/m} =$

$= \sum_{j=1}^{m} (1/m \sum_{n=1}^{N} \lambda_n + o(\sum_{n=1}^{N} \lambda_n)) e^{2\pi i j h/m} = o(\sum_{n=1}^{N} \lambda_n)$.

b) Sei nun $\sum_{n=1}^{N} \lambda_n e^{2\pi i a_n h/m} = o(\sum_{n=1}^{N} \lambda_n)$ für alle $h = 1, 2, \ldots, m-1$.

Dann ist: $\sum_{j=1}^{m} \sum_{n=1}^{N} \lambda_n c(a_n, j, m) e^{2\pi i j h/m} = o(\sum_{n=1}^{N} \lambda_n)$ für $1 \leqslant h \leqslant m-1$

und $\sum_{n=1}^{N} \lambda_n$ für $h = m$. Sei nun k eine ganze Zahl $l \leqslant k \leqslant m$. Aus obiger Relation folgt:

$$m \sum_{n=1}^{N} \lambda_n c(a_n, k, m) = \sum_{j=1}^{m} \sum_{n=1}^{N} \lambda_n c(a_n, j, m) (\sum_{h=1}^{N} e^{2\pi i (j-k) h/m}) =$$

$$= \sum_{h=1}^{m} e^{2\pi i(-kh)/m} \sum_{j=1}^{m} \sum_{n=1}^{N} \lambda_n c(a_n, j, m) e^{2\pi i j h/m} = o(\sum_{n=1}^{N} \lambda_n) + \sum_{n=1}^{N} \lambda_n.$$

Daraus folgt: $(M, \lambda_n)\text{-}\lim_{n \to \infty} c(a_n, k, m) = 1/m$. Aus Satz 20 folgt unmittelbar:

Satz 21: Eine notwendige und hinreichende Bedingung, daß eine Folge $\{a_n\}$ von ganzen Zahlen (M, λ_n)-gleichverteilt ist, ist, wenn für alle rationalen Zahlen t, $t \not\equiv 0 \pmod 1$

$$(M, \lambda_n)\text{-}\lim_{n \to \infty} e^{2\pi i a_n t} = 0.$$

Satz 22: Sei $\{\lambda_n\}$ eine Folge von positiven Zahlen, die den Bedingungen (A) und (B) des Satzes 5 genügt. Sei $\{a(n)\}$ eine Folge ganzer Zahlen und $a_h(n) = a(n+h) - a(n)$. Wenn für jede natürliche Zahl h die Folge $\{a_h(n)\}$ (M, λ_n)-gleichverteilt modulo m bzw. -gleichverteilt ist, so ist auch die Folge $\{a(n)\}$ (M, λ_n)-gleichverteilt modulo m bzw. -gleichverteilt.

Beweis: Der Beweis erfolgt ganz analog dem Beweis des Hauptsatzes der Gleichverteilungstheorie bei M. Tsuij [4].

Ist nun $B(n)$ eine Eigenschaft die einer natürlichen Zahl n zukommen kann, dann sei $c(n, B(n)) = 1$, wenn n diese Eigenschaft besitzt und 0 sonst.

Definition 6: Sei $\{a_n\}$ eine Folge ganzer Zahlen. Existiert

$$(M, \lambda_n)\text{-limes}_{n \to \infty} c(n, (n, a_n) = 1) = c,$$

dann heißt c die (M, λ_n)-Wahrscheinlichkeit, daß n zu a_n relativ prim ist. Existiert

$$(M, \lambda_n)\text{-limes}_{n \to \infty} \left(\sum_{d \mid (n, a_n)} 1\right) = t,$$

dann heißt t die mittlere Anzahl der Teiler von (n, a_n) bezüglich (M, λ_n).

Satz 23: Sei $\{a_n\}$ eine Folge ganzer Zahlen, und die Folge $\{\lambda_n\}$ von positiven Zahlen sei monoton fallend, $\sum_{n=1}^{\infty} \lambda_n = \infty$. Ist dann für jede natürliche Zahl $d \geqslant 2$, die Folge $\{a_{nd}\}$ (M, λ_{nd})-gleichverteilt modulo d, dann ist

$$\overline{(M, \lambda_n)\text{-limes}}_{n \to \infty} c(n, (n, a_n) = 1) \leqslant 6/\pi^2$$

und $\underline{(M, \lambda_n)\text{-limes}}_{n \to \infty} \left(\sum_{d \mid (n, a_n)} 1\right) \geqslant \pi^2/6$.

Beweis: Es sei $Q_k(N) = \sum_{n=1}^{N} \lambda_n c(n, (n, a_n, k!) = 1)$ und $S(N, d) = \sum_{n=1}^{N} \lambda_n c(n, d \mid (n, a_n))$. Dann gilt: $\sum_{d \mid k!} \mu(d) S(N, d) = \sum_{d \mid k!} \mu(d) \sum_{n=1}^{N} \lambda_n c(n, d \mid (n, a_n)) = \sum_{n=1}^{N} \lambda_n \sum_{d \mid (k!, n, a_n)} \mu(d) = \sum_{n=1}^{N} \lambda_n c(n, (n, a_n, k!) = 1) = Q_k(N)$.

Da $\{a_{nd}\}$ (M, λ_{nd})-gleichverteilt modulo d ist, gilt

$$S(N,d) = \sum_{n=1}^{N} \lambda_n c(n, d \mid (n, a_n)) = \sum_{n=1}^{\left[\frac{N}{d}\right]} \lambda_{nd} c(n, d \mid a_{nd}) = d^{-1} \sum_{n=1}^{\left[\frac{N}{d}\right]} \lambda_{nd} +$$
$$+ o(\sum_{n=1}^{\left[\frac{N}{d}\right]} \lambda_{nd}) = d^{-2} \sum_{n=1}^{N} \lambda_n + o(\sum_{n=1}^{N} \lambda_n).$$

Es ist also $Q_k(N) = \sum_{d \mid k!} d^{-2} \mu(d) \sum_{n=1}^{N} \lambda_n + o(\sum_{n=1}^{N} \lambda_n).$

Da $\sum_{n=1}^{N} \lambda_n c(n, (n, a_n) = 1) \leqslant Q_k(N)$, ist

$$(M, \lambda_n)\text{-}\overline{\operatorname{limes}}_{n \to \infty} c(n, (n, a_n) = 1) \leqslant \sum_{d \mid k!} \mu(d) d^{-2}.$$

Strebt nun $k \to \infty$, so folgt die Behauptung. Der zweite Teil folgt analog aus der Ungleichung $\sum_{n=1}^{N} \lambda_n (\sum_{d \mid (n, a_n)} 1) \geqslant \sum_{d \mid k!} S(N, d).$

Satz 24: Ist die Folge $\{x_n\}$ von reellen Zahlen (M, λ_n)-homogen gleichverteilt modulo 1, dann ist für jede natürliche Zahl die Folge $\{[x_{nd}]\}$ (M, λ_n)-gleichverteilt modulo d.

Beweis: Es ist für ein k, $0 \leqslant k \leqslant d-1$
$(M, \lambda_n)\text{-limes}_{n \to \infty} c([x_{nd}], k, d) = (M, \lambda_n)\text{-limes}_{n \to \infty} (c(x_{nd}/d, (k+1)/d) -$
$- c(x_{nd}/d, k/d)) = 1/d.$

Aus den Sätzen 23 und 24 folgt, wie schon P. Erdös und G. G. Lorentz [1] für $\lambda_n = 1$ zeigten:

Satz 25: Die Folge $\{\lambda_n\}$ von positiven Zahlen erfülle die Bedingungen (A) und (D) des Satzes 4. Ist dann die Folge $\{x_n\}$ von reellen Zahlen (M, λ_n)-homogen gleichverteilt modulo 1, so ist
$(M, \lambda_n)\text{-}\overline{\operatorname{limes}}_{n \to \infty} c(n, ([x_n], n) = 1) \leqslant 6/\pi^2$ und $(M, \lambda_n)\text{-}\underline{\operatorname{limes}}_{n \to \infty} \sum_{d \mid (n, [x_n])} 1 \geqslant \pi^2/6.$

Literatur

[1] P. Erdös and G. G. Lorentz, On the probability that n and $g(n)$ are relatively prim. Acta Arithmetica V, 35—44 (1958).

[2] E. Hlawka, Folgen auf kompakten Räumen. Abh. Math. Sem. Univ. Hamburg **20**, 223—241 (1956).

[3] J. G. van der Corput, Diophantische Ungleichungen I. Zur Gleichverteilung modulo Eins. Acta math. **56**, 373—456 (1931).

[4] M. Tsuij, On the uniform distribution of numbers mod. 1. J. math. Soc. Japan 4, 313–322 (1952).
[5] H. Weyl, Über die Gleichverteilung von Zahlen mod. Eins. Math. Ann. 77, 313–352 (1916).
[6] K. Sallinger, Über einige Sätze aus der Theorie der Gleichverteilung und eine Anwendung auf r-freie Zahlen. Diss. Univ. Wien 1962.
[7] E. Hlawka, Zur formalen Theorie der Gleichverteilung in kompakten Gruppen. Rend. Circ. mat. Palermo 4, 33–47 (1955).
[8] E. Hlawka, Über einen Satz von Van der Corput, Arch. der Math. 6, 115 bis 120 (1955).
[9] G. H. Hardy, Divergent Series. Oxford 1949.
[10] J. Cigler, Asymtotische Verteilung reeller Zahlen mod. 1. Monatshefte Math. 64, 201–225 (1960).
[11] J. Niven, Irrational Numbers, New York 1956.
[12] E. Hlawka, Folgen auf kompakten Räumen II. Math. Nachrichten 18, 188–202 (1958).
[13] Van der Corput, Verteilungsfunktionen 1–8, Proc. Acad. Amsterdam 38, 39.
[14] Fr. Riesz/Béla Sz.-Nagy, Vorl. über Funktionalanalysis. Berlin 1956.
[15] J. F. Koksma, Ein mengentheoretischer Satz über Gleichverteilung mod. Eins. Compositio math. 2, 250–258 (1935).
[16] I. Niven, Uniform distribution of sequences of integers. Trans. Amer. Math. Soc. 98, 52–61 (1961).
[17] S. Uchyama, on the Unif. Distr. of Sequences of Integers, Proc. Japan Acad. 37.

GPSR Compliance

The European Union's (EU) General Product Safety Regulation (GPSR) is a set of rules that requires consumer products to be safe and our obligations to ensure this.

If you have any concerns about our products, you can contact us on

ProductSafety@springernature.com

In case Publisher is established outside the EU, the EU authorized representative is:

Springer Nature Customer Service Center GmbH
Europaplatz 3
69115 Heidelberg, Germany

www.ingramcontent.com/pod-product-compliance
Ingram Content Group UK Ltd.
Pitfield, Milton Keynes, MK11 3LW, UK
UKHW022233230426
12048UKWH00017BA/1226